Grasshopper
入门&晋级必备手册

王奕修 编著

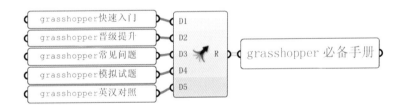

清华大学出版社

北 京

内 容 简 介

作为初学者，面对 Grasshopper 自带的近 500 个陌生运算器，如何下手？本书遵循由浅入深的学习方法，首先介绍 Grasshopper 的基本操作，激发初学者兴趣，建立信心；然后针对常用基础运算器，分为入门和晋级两部分，结合 100 多个小实例、300 多张图片图文并茂的讲解，系统地介绍 Grasshopper 软件的基础和精华；最后对初学者常遇到的问题总结 50 个案例并提供一套模拟自测试题。附录为软件英汉对照表，方便查询生词。

本书主要面向广大设计行业的在校学生、设计师、艺术家以及教师群体。

图书在版编目(CIP)数据

Grasshopper 入门&晋级必备手册/王奕修编著. —北京：清华大学出版社，2013(2021.11重印)

ISBN 978-7-302-33438-5

Ⅰ.①G… Ⅱ.①王… Ⅲ.①三维动画软件–手册 Ⅳ.①TP391.41-62

中国版本图书馆 CIP 数据核字(2013)第 182678 号

责任编辑：张占奎 洪 英
封面设计：常雪影
责任校对：赵丽敏
责任印制：刘海龙

出版发行：清华大学出版社
　　　　　网　　址：http://www.tup.com.cn, http://www.wqbook.com
　　　　　地　　址：北京清华大学学研大厦 A 座　　　　邮　编：100084
　　　　　社 总 机：010-62770175　　　　　　　　　邮　购：010-62786544
　　　　　投稿与读者服务：010-62776969, c-service@tup.tsinghua.edu.cn
　　　　　质量反馈：010-62772015, zhiliang@tup.tsinghua.edu.cn
印 装 者：涿州汇美亿浓印刷有限公司
经　　销：全国新华书店
开　　本：200mm×200mm　　　印　张：13.2　　　字　　数：326 千字
版　　次：2013 年 10 月第 1 版　　　　　　　　印　次：2021 年 11 月第 9 次印刷
定　　价：85.00 元

产品编号：054872-03

前　言

设计行业的技术革新在经历了手工制图到计算机二维制图（AutoCAD 软件等）的阶段后，正在经历由二维制图过渡到三维制图的阶段。随着参数化设计在国内的广泛普及，各种参数化软件在国内建筑专业相关院校以及设计院迅速普及。比较热门的软件，如 Revit、Rhino、Digital Project、Maya 等已被广泛应用到建筑创作以及施工建设中。

在种类繁多的参数化软件中，有一类被称为"图形代码"的软件或插件，像 Rhino 软件的 Grasshopper 以及 Revit 软件的 Dynamo 等，由于其操作灵活，又具有可视化编程的优点，尤其受到设计行业的关注，其普及程度相对较高，尤其受到广大学生的欢迎。

随着 Rhino 和 Grasshopper 的普及，具有 Rhino 基础的群体也逐渐庞大，以学犀牛中文网（http://www.xuexiniu.com）为例，会员人数已达 23 万。但是，据许多会员反映，在 Grasshopper 的学习过程中，没有汉化版成为学习的一大障碍。所以，本书除了专题介绍 Grasshopper 入门学习方法和学习内容外，还摘录了 Grasshopper 的常用专业词汇英汉对照表，以便查找。

另外，笔者在学犀牛网校 Grasshopper 课程教学过程中，通过与学员交流，积累了大量的经验，并汇总于 Grasshopper 晋级提升与 Grasshopper 常见问题中，通过本书与读者分享。本书的内容完全是针对 Grasshopper，没有接触过 Grasshopper 的读者可以从零基础学起。但是要求读者在学习本书之前，需要有一定的 Rhino 操作基础。

在本书的编写及发行过程中，学犀牛网校的管理方和学员都给予了一定的支持，在此表示衷心的感谢。

王奕修

2013 年 9 月

目　录

绪论　Grasshopper 在参数化设计中的应用 / 1

第 1 章　Grasshopper 快速入门 / 7
 1.1　基本操作 / 8
 1.2　数学运算（Math 菜单）/ 17
 1.3　点与向量（Vector 菜单）/ 32
 1.4　曲线（Curve 菜单）/ 41
 1.5　曲面（Surface 菜单）/ 60
 1.6　网格（Mesh 菜单）/ 81
 1.7　相交（Intersect 菜单）/ 103
 1.8　变形（Transform 菜单）/ 111
 1.9　Weavebird 插件简介（WB 菜单）/ 115
 1.10　Lunchbox 插件简介（Lunchbox 菜单）/ 118
 1.11　袋鼠插件 Kangaroo 简介 / 122

第 2 章　Grasshopper 晋级提升 / 125
 2.1　数据类型及兼容性 / 126
 2.2　曲线、曲面与区间的转化 / 129
 2.3　归一思想 / 130
 2.4　关于 Fit / 132
 2.5　数据干扰 / 132
 2.6　小数取整 / 137
 2.7　数据推移 Shift List / 138
 2.8　数据匹配 / 141
 2.9　图形渐变应用——中钢国际大厦六边形变四边形 / 145

2.10　数据筛选 / 147

2.11　密度渐变 / 149

2.12　均匀球面三角网格 / 150

2.13　随机流动 / 152

2.14　网格着色 / 153

2.15　关于函数设置 / 154

2.16　放样 Loft 运算器 O 端选项 Options 设置 / 158

2.17　字符相关操作 / 160

2.18　集合运算 / 163

2.19　树形数据操作 / 169

2.20　关于曲线简化的几种方式 / 170

2.21　圆的生成方法 / 174

2.22　关于布尔值 Boolean 叠加运算 / 177

2.23　关于网格柔化模型 / 180

选学内容 / 182

第 3 章　Grasshopper 常见问题 50 例 / **189**

第 4 章　Grasshopper 模拟试题 / **241**

附录　Grasshopper 常用专业词汇英汉对照 / **251**

Grasshopper 在参数化设计中的应用

　　近年来，随着参数化设计（parametric design）在国内外的迅速发展，尤其是在建筑领域的实际应用逐渐增多，吸引了大批参数化设计的追随者，同时也大大促进了计算机编程学科与建筑相关学科的融合与发展。国内一些知名的参数化设计建筑案例，如鸟巢、水立方、银河 SOHO、凤凰传媒中心、广州塔、中钢国际广场、深圳 T3 航站楼等，也逐渐广为人知，并成为学习参数化软件（如 Grasshopper）的热门练习建筑实例，也是网上各大论坛的研究热点。

鸟巢钢构架表皮
注：本书中所有图片均为作者个人制作。

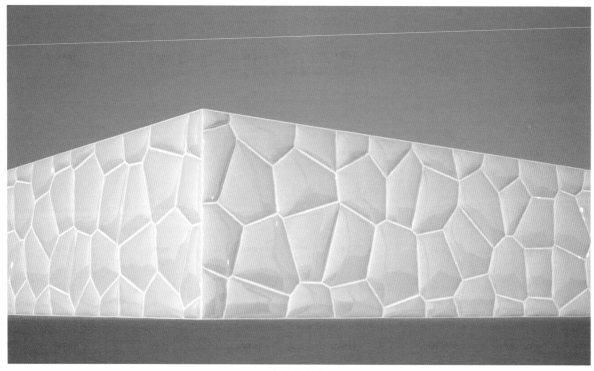

水立方表皮

　　参数化设计软件在建筑设计领域中发挥着很强大的造型创新功能，大大革新了现代主义以及后现代主义在建筑设计、景观设计和工业设计创作中的平淡局面，一些激进派建筑师甚至认为，参数化设计风格可以作为一种"参数化主义（parametricism）"取代后现代主义，成为下一个新兴建筑设计时代的主要思潮。

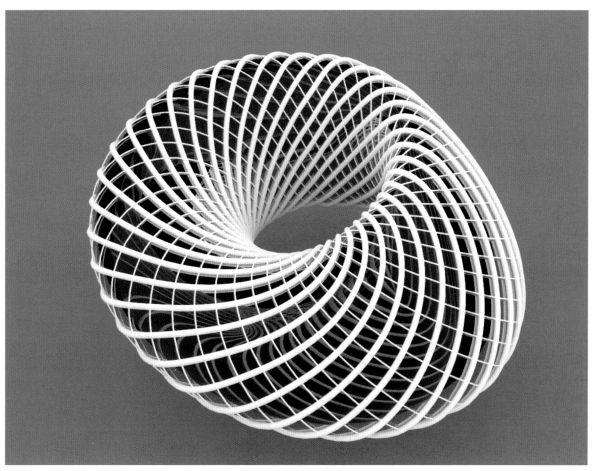

凤凰传媒逻辑模型

银河 SOHO 逻辑衍生模型

以上模型均由 Grasshopper 建模生成，由 Vray 简单渲染，Grasshopper 的强大造型功能可见一斑。而上述实例中有的模型仅仅在 Rhino 空间内画几条曲线，然后输入到 Grasshopper 程序，就可以生成最终的模型，所以 Grasshopper 建模又被称为逻辑建模。调节这些曲线，会迅速得到相应变化的模型，从而可以在短时间内生成大量结果，用以对比分析，优选设计结果。

　　Grasshopper 同样可以应用到其他设计行业，如景观设计、工业设计、二维平面设计、服装设计等行业，都能发挥强大的造型创造功能。

景观设计——下沉广场

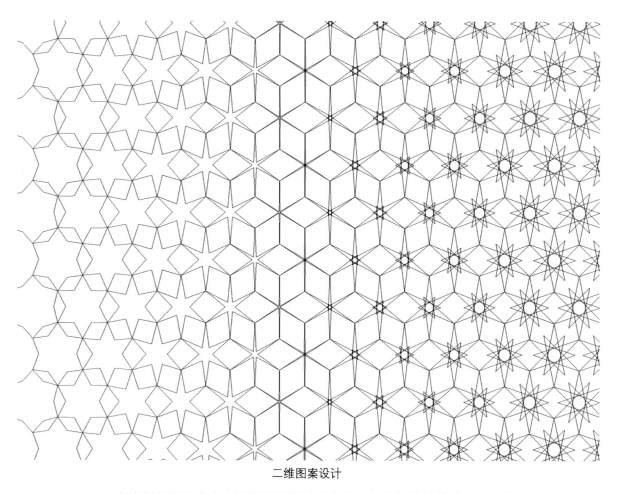

二维图案设计

　　Grasshopper 在实际加工生产中也可以发挥强大的作用，如分析物体体积、图形面积、曲线长度、空间点坐标等数据输入和输出等，用以指导后期生产和施工。

第 1 章

Grasshopper 快速入门

　　对于多数初学者来说，入门是一件比较费脑筋的事情，除了纯英文界面外，还有 500 多个陌生的运算器，应该从哪里下手呢？本书在编排过程中，本着由浅入深、循序渐进的原则对所有基础运算器进行了难易比较筛选，先学习最简单的运算器，让读者快速建立起 Grasshopper 的基本思维模式，

以达到快速入门的教学目标。这也是学习和研究 Grasshopper 的基本方法，比较复杂抽象的内容不必强求短时间内完全理解和掌握。当然，眼高手低是无法入门的。

　　Grasshopper 的版本升级经历了长时间的发展过程，由最初称作 Explicit History 的软件，发展到当前的 Grasshopper 1.0 版本。之所以被称为 Explicit History，是由于这个软件，或者说犀牛的插件，可以显示每一步操作的历史记录，中间过程的运算结果也可以作为后面模型的变化依据，而不是流水线式的 Rhino 手工操作。

1.1　基本操作

　　Grasshopper 的操作菜单与 Rhino 十分相似。

Rhino 菜单如下图所示。

Grasshopper 菜单如下图所示。

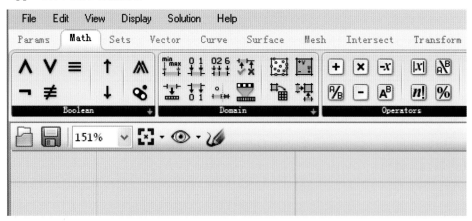

　　最顶端的 Flie、Edit 等菜单 File Edit View Display Solution Help 用于文件管理以及显示设置等操作。下面的 Params、Math 等菜单 Params Math Sets Vector Curve Surface 就是被分类的运算器菜单，每个菜单下都包含几大分类运算器，如 Math 下 Domain 和 Operators 子菜单又包含了许多同类操作的运算器。

所谓运算器，就是一个包含一段代码的工具包，左端为输入端，需要按要求输入相应的数据参数，结果由代码处理后生成所需要的数据，即输出端。

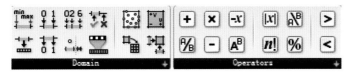

1. Grasshopper 的数据连线操作

Grasshopper 的操作方法十分简便，如下图所示，做一个最简单的加法运算，首先从菜单栏中找到所需的加法运算器 ，然后拖入工作空间，再找到两个数据控制杆 和 ，最后按住鼠标左键连线即可。

2. 数据显示

如果要显示运算结果，可以用显示面板工具 Panel 进行显示。

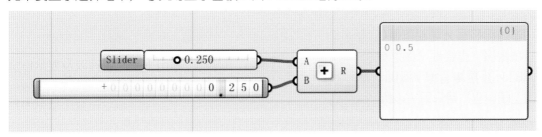

然后分别拖动两个控制杆，可以生成相应的结果。

把鼠标放在输出端也可快速显示运算结果，如下图所示，左图为鼠标放在输出端 S 的显示结果，右图为鼠标放在输入端 S 的显示结果。

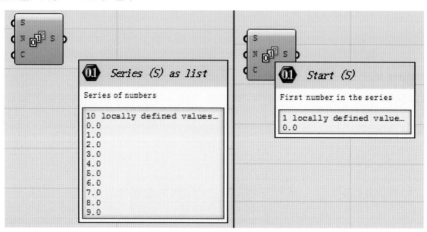

3. 单个数字输入方式

单个数字输入方式有以下几种：

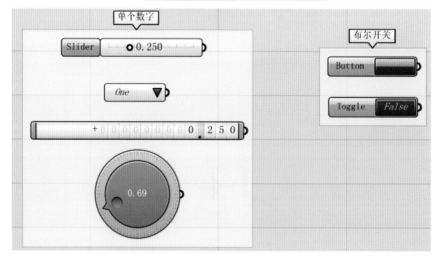

Slider 可以通过双击设置一个滑动区间调整最大值、最小值、整数、奇数、偶数等；value list 可以直接设置常用的 1、2、3、4 这 4 个整数；digital scroller 可以左右拖动小数点位置，以 10 的几何级数调整数字，也可以上下拖动数字调整输出数值大小；control knob 则是通过转动增减数值大小，也可以通过双击设置。右侧的布尔开关可以输出两个数值：True 和 False，转化为数字就是 1 和 0。

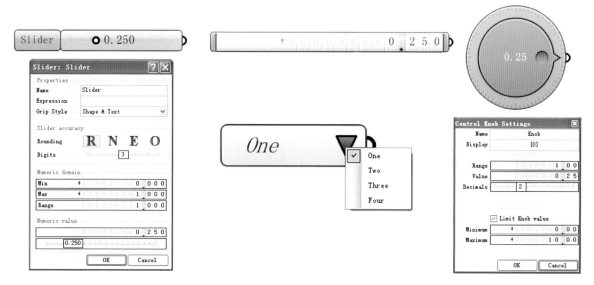

显示面板工具 Panel 不仅可以显示输出数据，也可以作为输入端使用。双击 Panel 可以输入一个数字，如果需要输入多个数字，需要取消选中左下角的 multiple data 复选框；放大 Panel 可以设置字体、对齐方式以及面板颜色等。拖动任意一角均可以缩小 Panel 的界面。

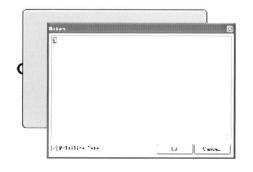

4. 更改输入（出）端名称与数据赋值

如下图所示，当右击一个输入端或输出端时，如等差数列的 N 端，即公差，会显示编辑菜单，如最顶端的 N 是运算器输入端的名称（左），可以通过修改变成更加直观的名称"公差"（中），但不能保存该修改，重新拖入该运算器，仍然是 N，不是"公差"。

如果想给公差 N 重新赋值(默认为 1)，则找到 Set Number 选项，输入 2，然后单击 Commit changes 确定（右）。

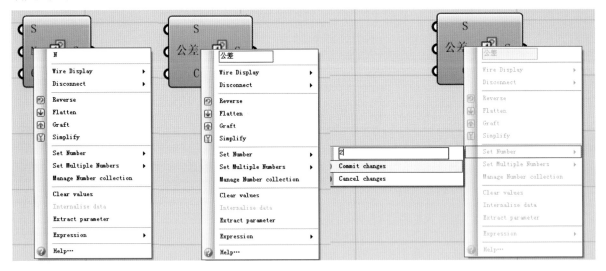

5. 数据连线显示

如下图所示，数据连线有 3 种显示模式：S 端为粗线、N 端为细线、C 端为隐藏模式，通过右击运算器输入端 Wire Display 设置。

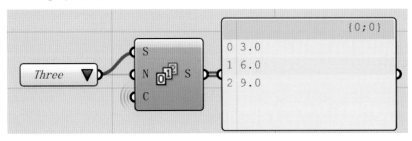

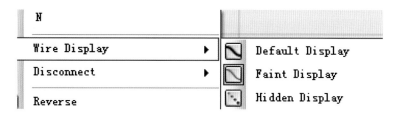

6. 清除数据

数据清除有两种情况：

（1）有连线的情况下，可以右击输入端 Disconnect 进行取消，如下图所示；或者通过按 Ctrl 键进行连线，则可以取消连线。

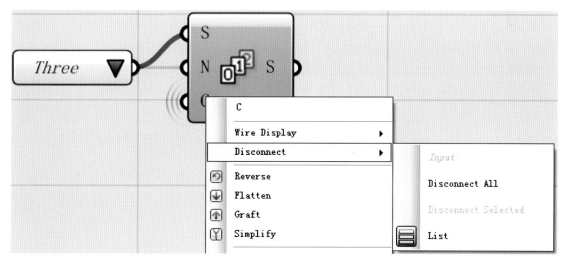

（2）默认数值清除，右击输入端 Clear values 清除。

7. 数据结构编辑

如下图所示，右击输入端可以方便地对数据结构进行编辑调整，该部分内容在后文中介绍。下图从上至下分别为：Reverse——倒序排列；Flatten——拍平树形数据，即树形数据转化多个数据；

Graft——分组，即多个数据转化树形数据；Simplify——简化数据路径。

	Reverse
	Flatten
	Graft
	Simplify

8. 运算器的重命名与其他编辑

与上述输入（出）端的命名和编辑类似，运算器的重命名和编辑都可以通过右击运算器图标中心设置重命名。

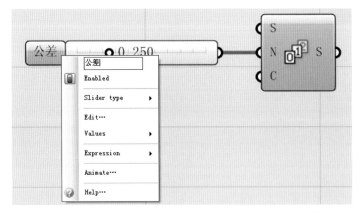

烘焙 Bake，即将 Grasshopper 中的虚拟模型转化为 Rhino 中的实体模型，如果不烘焙，将无法进行手工操作以及渲染图像。

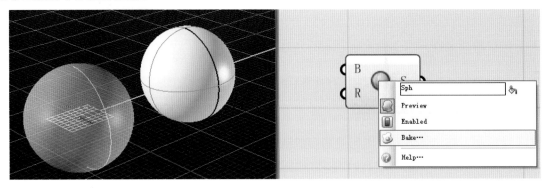

其他选项如预览 Preview、启动 Enable 与失效 Disable 都比较容易理解，后面的常见问题 50 例也有相关介绍。

9. Grasshopper 的显示设置

（1）模型显示质量设置

Grasshopper 为了节省内存资源，默认显示（Low Quality）的曲面都是有锯齿的，但是 Bake 出来是圆滑的。

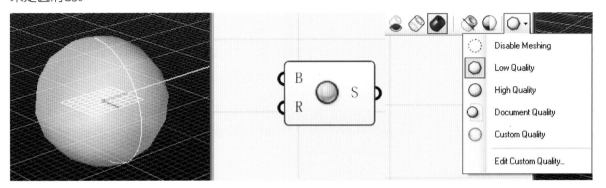

如果将显示设置为高品质 High Quality，可以显示圆滑的曲面，但相对占用较多的内存空间。

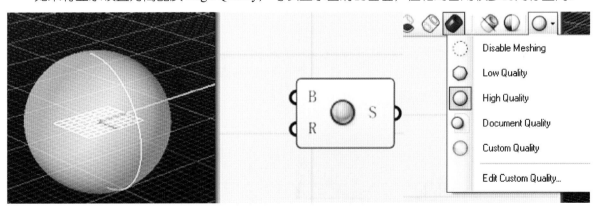

（2）模型颜色以及透明度显示

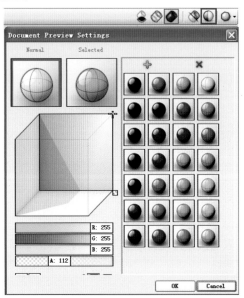

上图所示，物体颜色可以通过右侧调色盘直接拖入 Normal 下显示，即正常状态物体的颜色；Selected 为选中时物体的颜色，默认为绿色；也可以通过调整 RGB 数值变换物体颜色；调整 A 的值可改变透明度，A 值越小物体越透明。

如果需要区分显示某个模型的颜色，可以在 Vector 菜单中找到自定预览运算器 Custom Preview，配合 Params 菜单下 Input 子菜单的颜色样本运算器 Colour Swatch 共同对某个物体进行颜色显示。

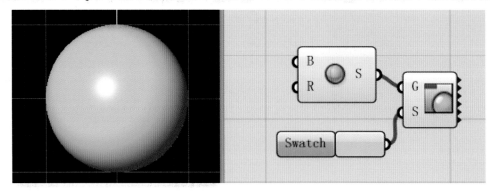

1.2 数学运算（Math 菜单）

1. 加减乘除等数学运算

对于初学者来说，没有什么比加减乘除运算更容易理解的了。除此之外，倒数、平方、平方根、绝对值、幂、整除等也是耳熟能详的数学运算。

最左侧的是 5 种数字输入方式，虽形状各异，但功能都是输出一个数字。通过显示面板工具 Panel![] 进行数据显示，可以查看每一个运算器的运算结果。

最后一个运算器 ![] 是比较大小的运算器。如果 A>B，则输出 True；如果 A<B，则输出 False。图中 A=7，B=36.660446，A<B，输出结果为 False。

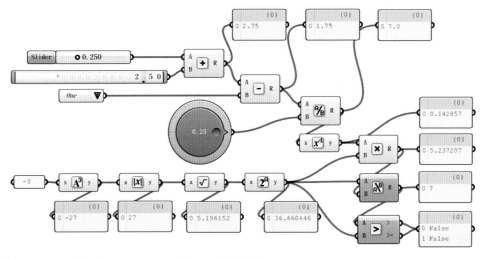

2. 弧度 radian 和角度 degree，正弦 sine 和余弦 cosine

π是弧度，在代码中以 Pi 表示，代表角度 180°，半个圆周；2π 则是 360°，整个圆周。
正弦和余弦的输出值均为 –1 to 1。

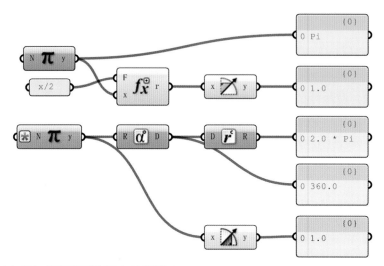

函数输入方法如下（适用于较复杂的运算）：

第一个 π 采用 f(x)函数运算器，在 f 端输入运算函数 x/2。

第二个 π 右击 n 可以输入表达式 Expression：2*n，之后会在 n 端出现一个*号。

Grasshopper 中的很多运算器，使用滚轮放大后，会出现增加或删减输入端的提示，如下图所示。

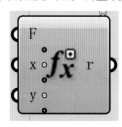

单击 "+" 可以增加一个输入端，单击 "–" 可以减少一个输入端。

下图所示为三元函数运算。

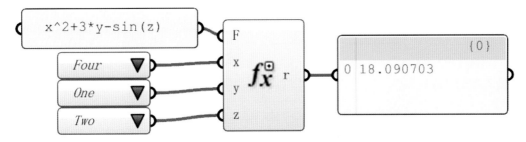

x^2 为 x 的平方，$3*y$ 为 3 乘以 y，$\sin(z)$ 为 z 的正弦。

3. 黄金比例（golden ratio）φ

1.618 与 0.618 的关系，以下运算均为舍入后的结果。

$(5^{1/2}+1)/2=1.618$；

$(5^{1/2}-1)/2=0.618$；

$1.618*0.618=1$。

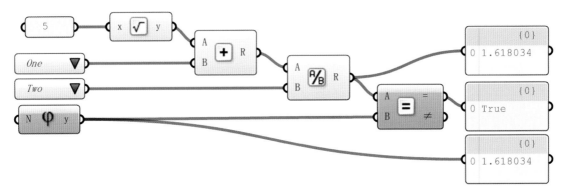

4. 四舍五入（Params 菜单）

小数运算器 Floating 可接收浮点小数，而整数运算器 Integer 是四舍五入法则取整数。

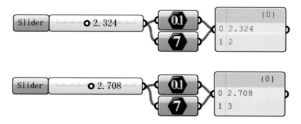

5. 基本数列（Sets 菜单）

在 Sets 菜单下，有些关于基本数列的运算器，像最常用的等差数列 Series 。
S 端设置起始数，N 端为公差，C 端为数列的长度。
默认输出为 0~9 的 10 个整数。

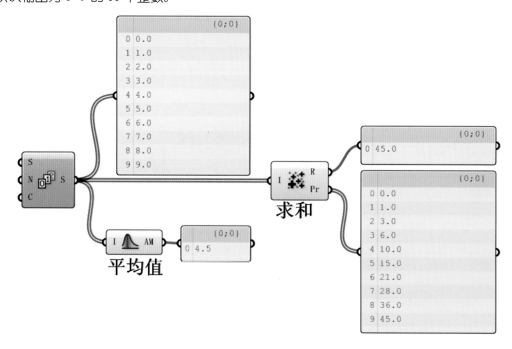

求和

平均值

配合 Math 菜单的求和运算器 Mass Addition可以对数列求和，包括逐级求和；平均值运算器 Average可以计算得到一个数列的平均数。

6. 复制数列（Sets 菜单）

复制运算器 Duplicate 可以按数量复制数字，生成复制数列。

思考题 等差数列 Series 也实现了复制数列，请问输入端参数分别是多少？

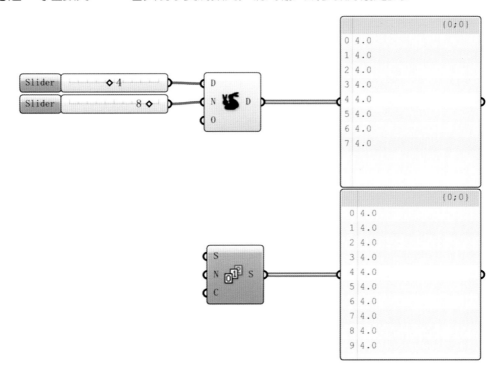

7. 等差数列的另一种生成方法——等分区间法（Sets 菜单）

等分区间运算器 Divide Domain 可以把一个区间，如 0 to 20，等分为 10 段，11 个数字数列长度运算器 List Length，显示数列中共有 11 个数字。配合大于运算器，可以得到数列中每个数字是否大于等于 10 的布尔值信息，作为数据分流运算器 Dispatch 的分类依据。A 端输出大于等于 10 的 6 个数字，B 端输出小于 10 的 5 个数字。

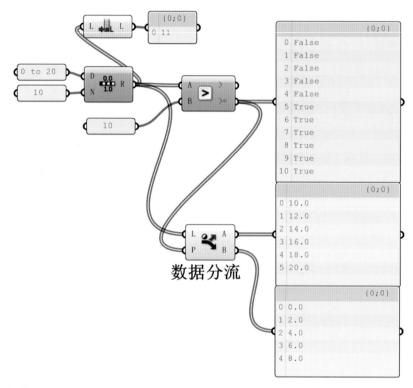

数据分流

8. 斐波那契数列

意大利数学家斐波那契提出了一个递增数列，即后一项等于前两项之和。

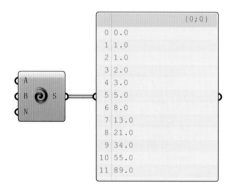

利用该数列可以作出斐波那契曲线，过程较为复杂，初学者仅作了解即可。

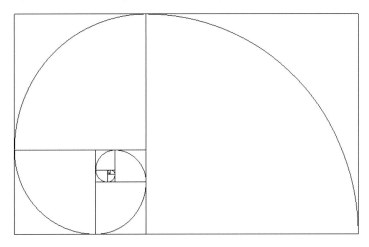

学犀牛网校有两位学员分别用两种方法研究出斐波那契曲线的生成方法，一种是布点法，一种是迭代法，已发布到公共论坛区，详细方法可以在 http://www.xuexiniu.com/Grasshopper-1.html 中查找。

9. 等比数列（Math 菜单）

Sets 菜单下为什么没有等比数列？原因很简单，等比数列是乘方的概念，在 Math 菜单中已经存在了，即乘方 Power 运算器。

注：本书中运算器参数值如无特殊标示，均为默认值。

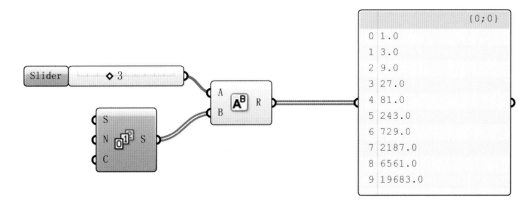

这个数列运算是属于一对多的运算模式。一个数据 A 和多个数据发生运算时，那么 A 和多个数据中的每个数据都要运算一次。

10. 随机数列 Random（Sets 菜单）

没有规律可循的数列，即随机数列。

随机运算器 Random 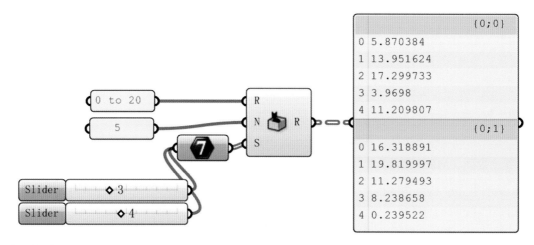，R 端为取数的区间，N 端为取数的数量，S 端为随机种子（seed）。下图所示为 S 端分别为 3 和 4 时输出的数据。即输入为 3，洗一次牌，输入为 4，再洗一次牌，3 和 4 没有意义，仅用来区分随机种子。

该实例中，同时呈现 3 种数据结构，单线 ——— 表示一个数据，双线（S 端）═══ 表示多个数据，空心断线（输出 R 端）·◻◻◻· 表示树形数据，可先作了解。

11. 区间（域）Domain（Math 菜单）

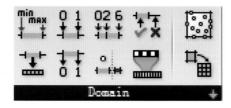

数学中的区间部分运算器均放置在 Math 菜单下的 Domain 子菜单中。所谓区间，简言之，即 a to b。

（1）区间的生成

如下图所示，运用生成区间运算器 Domain 生成 0 to 1 的区间。

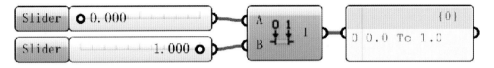

如下图所示，根据数列生成区间运算器 Bounds 则可以将一系列无序的数字转化为一个区间。

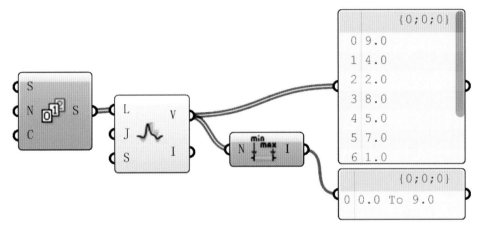

如下图所示，生成连续的多个区间（consecutive domains）可以将多个数字转化为由大到小的连续区间，区间值为逐级求和的数值。

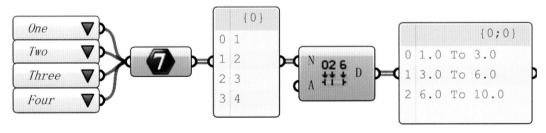

如下图所示，二维区间的数字生成方法有两种，即通过合并两个区间生成二维区间以及通过 4 个数字生成二维区间，分别控制二维区间的 4 个极值。注意：直接将数字 a 输入到区间输入端，会转换为 0 to a 的区间。

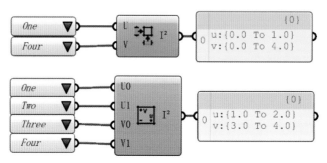

如下图所示，点集区间运算器 Bounds 2D 可以将一组点集转化为二维区间。原理就是根据每个点的 x 和 y 坐标分别生成区间，最后合为 UV 二维区间。左端运算器为二维随机点运算器 Populate 2D，在 Vetor 菜单下。

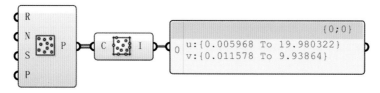

（2）区间分解

与生成区间相反的过程就是区间分解，将区间分解为数字。

如下图所示，利用分解区间运算器可以输出一列数字的最大值与最小值。

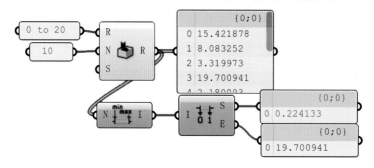

下图为二维区间分解，与二维区间的生成为相反过程。

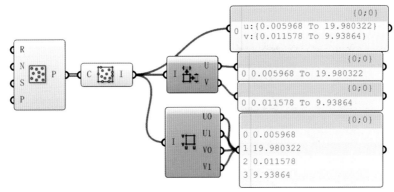

（3）等分区间

① 等分区间生成子区间

等分一维数字区间可以将一个区间等分为若干连续区间，等分二维区间可以将 uv 方向各按数量等分为连续区间，注意：单个曲面具有二维区间属性，可以直接被转化为二维区间。

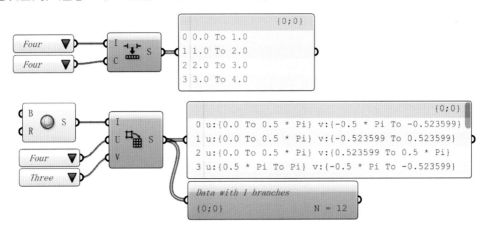

② 等分区间生成数字

Sets 菜单下等分区间生成数字运算器 Divide Domain 得到的是一个等差数列。注意：生成数字的个数比 N 端的输入数字多一个。数列长度 List Length 运算器可以统计数据的数量。

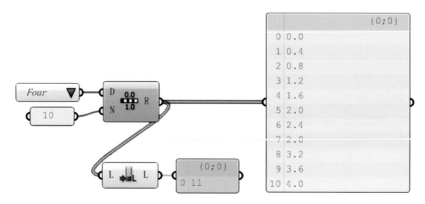

12. 随机打乱 Jitter（Sets 菜单）

打乱运算器 Jitter 可以将现有的数据顺序随机打乱。S 端同样为随机种子（seed），与随机运算器 Random 的区别是：Jitter 运算器仅针对现有的数据进行随机打乱，而 Random 是从设定区间得到随机数字；Jitter 运算器的输入端可容纳各种数据类型，而 Random 运算器仅仅对数字和区间有效。

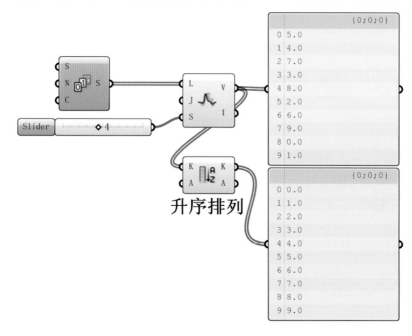

排序运算器 Sort 是按由小到大顺序排列数据，K 端为数字，A 端为数据，如点集等，A 端可以留空，只输入 K 端，就是仅仅按大小进行数字排序。

13. 数列编辑（Sets 菜单）

Sets 菜单下，list 中都是重要的数列编辑运算器。

常用运算器如下图所示，由上到下依次为：拆分数列，即 i 端为在第几项后拆分；数列长度，即数列中有几个数据；取出某（几）项，即 i 端为序号 Index；倒序排列，即颠倒数列的顺序。

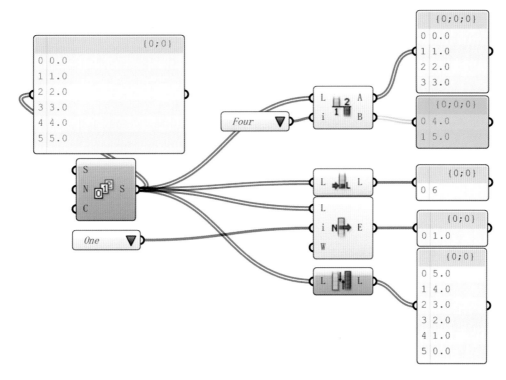

其他数列编辑运算器相对较为抽象，初学可先作了解。

（1）推移数据 Shift List →

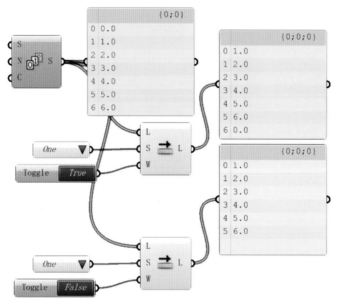

　　由上图可以看出，推移数据 Shift List 将数据向上推移了一位，W 端设置为 True 和 False 的区别为：是否将推移出的数据补充到数列末尾，即构成循环，数据总数量不变。

　　如下图所示，数列还可以反向推移，数列向下推移 2 位，末尾被推移出的数据补充到数列首位。

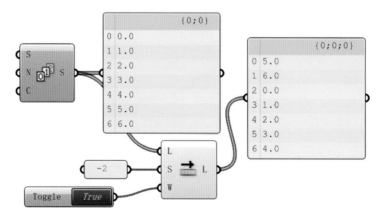

（2）取代某（几）项数据 List Replace

取代运算器的特征是运算前后数据的长度是不变的，仅仅是数据中的几项发生了变化。如下图所示，用 3 个 0 取代等差数量中第 4 项，相应的数据会继续覆盖第 5、6 项。

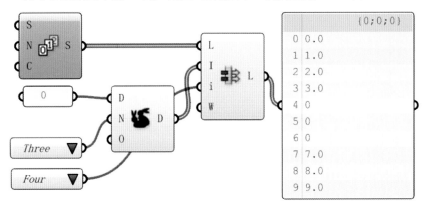

（3）生成子数列 Sublist

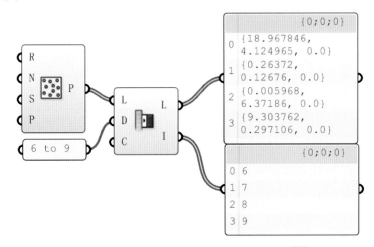

如上图所示，二维随机点运算器（Vector 菜单，Populate 2D）生成了一系列随机点，取出第 6~9 项的点，D 端为 domain，需要输入区间 6 to 9。注意：to 的两侧需要添加空格，否则无法识别语言。L 端为生成的子数列，I 为子数列对应的序号 Index。

（4）插入数据 List Insert

该运算器主要用于在一组数据的某一项插入一项或几项数据。生成数据的总数量，即数列长度随之发生变化。

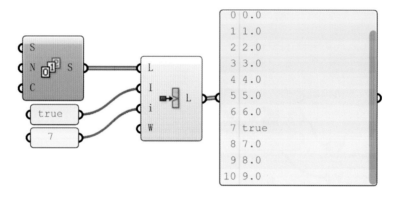

（5）多个数据按数量分组 Partition List

当将多个数据按数量转化为树形数据时，比如 100 个随机点，每 5 个一组，分成 20 组，如下图所示，在 Params 菜单下的 Param Viewer 运算器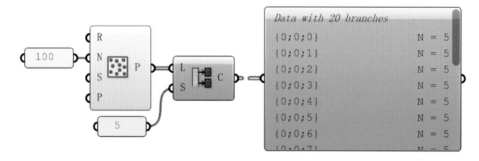可以显示数据结构。

1.3 点与向量（Vector 菜单）

点，是 Rhino 中最简单的几何体，一个点就是由 3 个数字（坐标）确定的空间位置，所以点的属性就是数字；而向量（vector）这个几何元素除了起始点，还由方向、向量长度两个数据共同确定，具有唯一性；但是线段（line）这个几何体，在 Rhino 中可以有两个方向，所以重合的两条线段不一定是相同的线段，不具有唯一性，这个原理同样适合于重合的曲线（curve）、曲面（surface）、多重曲面（brep）、网格（mesh）这些具有方向性的几何体。

1. 点（point）的生成方法

（1）建立一个点

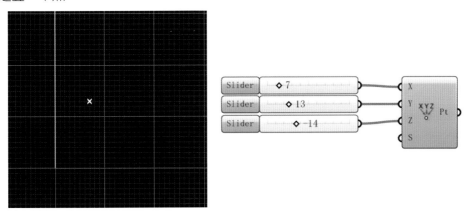

（2）建立多个连续点

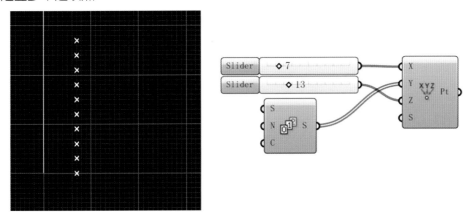

（3）建立点阵

多个数据和树形数据运算的特例：当两组多个数据需要一对多运算时，其中一组需要被树形数据分组（graft），这时的运算量是比较大的。

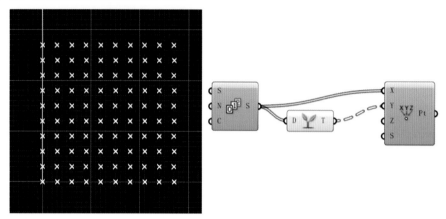

（4）建立随机点

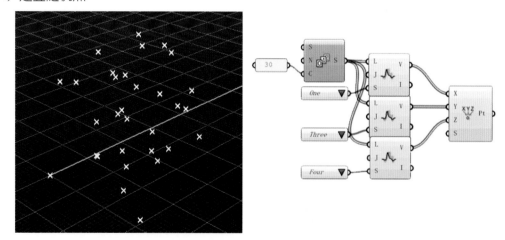

同一列数字，用不同的随机种子（seed）生成 3 个完全不同排序的数列，作为点坐标，从而得到随机点。

思考题：如何用随机运算器 Random 制作随机点？

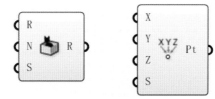

Grasshopper 当前版本也已经添加了随机点运算器，如下图所示。

下图左为二维随机点运算器，R 端需要设置一个矩形（rectangle）范围；右为三维随机点运算器，R 端需要设置一个立方体（box）空间范围，两个运算器 N 端均为随机点数量，S 端为随机种子，P 端为默认值即可。

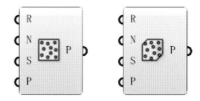

2. 基本向量

基本向量包括 x、y、z 3 个单元向量，向量之间可以进行加减乘除数学运算。

向量经常配合 Move 运算器（Transform 菜单）使用。

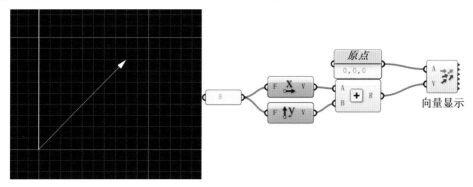

3. 点和向量的分解、重组

下面案例为三维点转化二维点、三维向量转化二维向量，即 z=0。

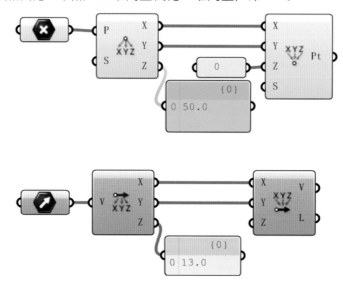

4. 两点向量

两点向量 Vector 2Pt ✏ 是常用的向量生成方法。输出端 V 为两点向量；L 端为两点距离，即向量长度。点接收器可以直接从 Rhino 中接收一个或多个点，通过右击设置。

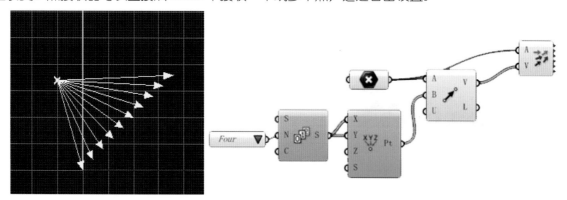

5. 向量反向与赋值

从 GH 的图标上看，完全可以推测出运算器的功能。

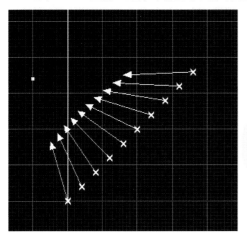
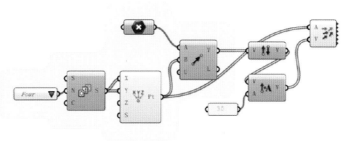

6. 移动物体

在得到向量后，可以配合移动运算器 Move (Transform 菜单) 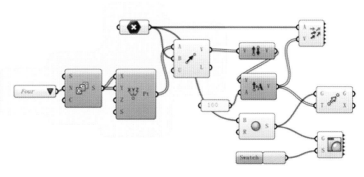 精确移动物体。

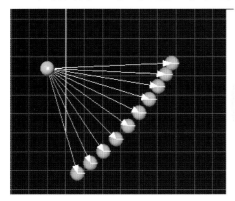

球面运算器 Sphere 在 Surface 菜单中，需要输入点和半径控制球体位置和大小。

Vector 菜单中的 Colour 子菜单中，可以对物体进行颜色显示设置（Custom Preview）。

7. 常用矩阵类型

在 Grid 菜单中，有 5 个常用矩阵类型。通过设置矩阵数量和边长得到多边形矩阵和点阵。

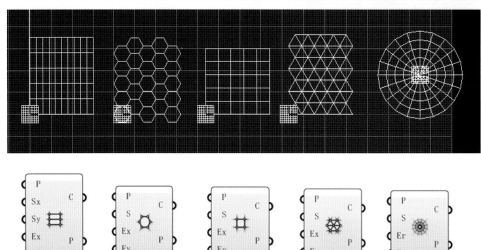

8. 六边形矩阵

中钢国际大厦的蜂巢状表皮，就是以六边形矩阵为基础生成的。

输出端 C 为六边形矩阵单元格（polyline），树形数据，6 组，每组 9 个六边形，可以看出和输入端的 Ex、Ey 是对应关系。P 端输出的是六边形的中心，树形数据，可以通过拍平运算器 Flatten 取消分组，转化为一组多个数据。Params 菜单下的数据结构显示运算器 Param Viewer 可以查看数据的结构，可以双击切换数字模式和图表模式。

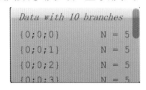
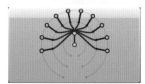

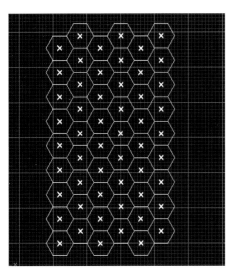

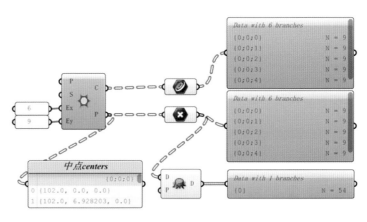

9. 正方形矩阵

正方形矩阵的输出端 C 与六边形的性质相同，均为矩阵单元格（polyline），但是 P 端输出的是矩阵角点，无论数量和性质都与六边形不同。若要得到矩阵中心点，需要使用 Surface 菜单下的形心运算器 Area m^2，得到形心与面积，该运算器对非闭合曲线（open curve）与非平面曲线（non-planar curve）无效。

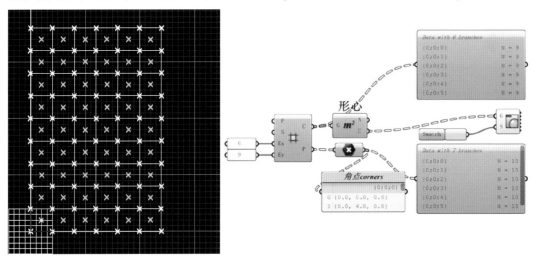

10. 三角矩阵

三角矩阵输出端 P 与六边形矩阵性质相同，均为中点（centers）。

下图结合偏移运算器 Offset（Curve 菜单）与封面运算器 Planar Surface（Surface 菜单）对三角矩阵进行数字干扰，产生从左向右大小渐变的效果。多个数据与多个数据运算，一般要做到一一对应，即数量相同。等分区间运算器 D 端为默认值 0 to 1，N 端如果不减去 1，输出的 R 端数列会多出一个，不完全是一一对应关系，会产生重叠数据。

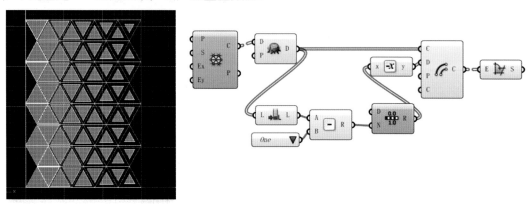

11. 环形矩阵

数字干扰方式为距离干扰，即环形矩阵单元中心到原点的距离作为干扰参数，通过中心缩放运算器 Scale（Transform 菜单）缩小单元格。该实例可为 Photoshop 分析图提供断线圆圈。

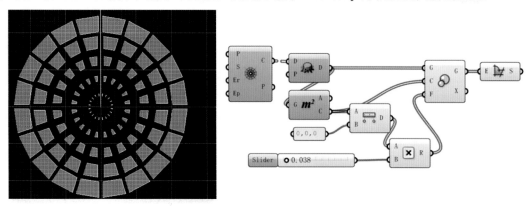

12. 关于平面（Plane）

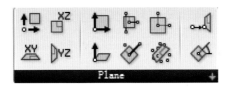

平面菜单 Plane 里包括了基本平面、平面的生成、编辑等内容。平面属于中介几何概念，是无形的、无限的，在确定物体位置的操作过程中发挥着非常重要的作用，本书将结合实例讲解。

1.4 曲线（Curve 菜单）

曲线是一维几何体。在 Rhino 中，曲线具有以下属性：区间（domain）、长度（length）、级数（degree）、连续性（continuity）、控制点（control points）、起点（start）和终点（end）等。对于闭合曲线（closed curve），起点与终点重合于缝合点（seam）。该部分内容可先作了解，后续会根据由浅入深的顺序逐一介绍。

1. 基本曲线运算器

在 Curve 菜单中有若干基本曲线运算器，如线段（Line）、圆（Circle）、圆弧（Arc）、椭圆（Ellipse）、多边形（Polyline）和矩形（Rectangle），这些运算器可由基本参数直接控制大小及形状。

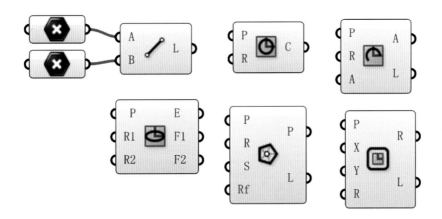

2. 曲线分析相关运算器

（1）在 Analysis 子菜单下，有关于曲线基本属性分析的运算器，比较基本的如判断曲线是否闭合、曲线长度、曲线区间（Params 菜单）、起点与终点、曲线控制点、曲线中点等。

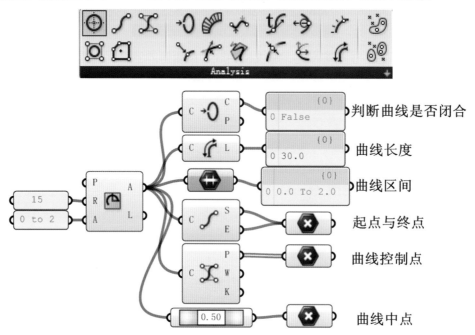

（2）找圆心与多边形形心

① 找出圆或圆弧的圆心和半径。

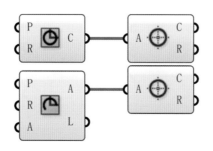

② 找多段线的形心 。

　　该运算器仅对多段线（polyline）有效，无论是否闭合；对于其他类型曲线不支持。图示为两个通过点生成曲线的运算器，上面的是穿越线运算器 Interpolate Curve，下面的是多段线运算器 Polyline。

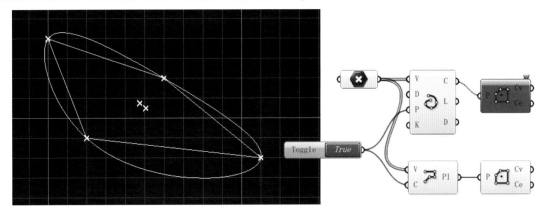

（3）曲线等分

Division 子菜单下有若干等分曲线生成点和平面的运算器。

① 按分段数量等分曲线

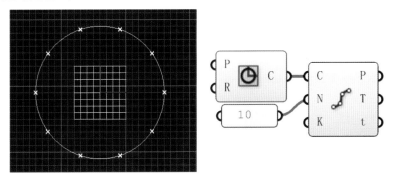

如上图所示，圆被等分为 10 段，生成 10 个点，对于闭合曲线（closed curve）来说，等分的段数和生成的点数量一致；而对于开放曲线（open curve）来说，生成的点要比段数多一个。

② 按长度等分曲线

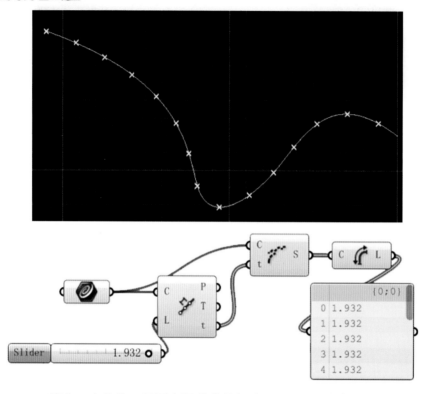

按长度 L=1.932 等分一个曲线，每两点间曲线的长度（length）均为 1.932，除了曲线终点，因为给定的数值不一定可以被整除。Shatter（震断）运算器 可以将曲线在相应的位置（t）分解为子曲线（subcurve）。t 值代表曲线区间上的一个数字，而输出端 P 则是曲线上对应的点，两者相互对应。

③ 按距离等分曲线

按距离 D=2 等分曲线，生成的相邻点的间距等于 2，以半径 1 画圆，每个点所在的圆与相邻的圆均为相切关系。曲线终点除外，因为同样不一定被整除。对于图示曲线来说，这时两点间曲线长度就不是相等的了。

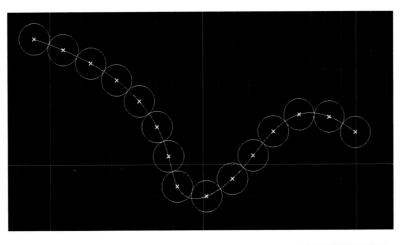

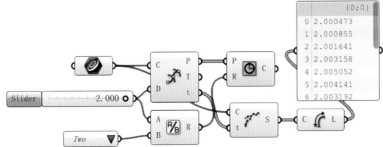

（4）等分生成平面

在等分生成平面的 3 个运算器中 Curve Frames、Horizontal Frames 和 Perp Frames，最常用的就是生成垂直平面 Perp Frames。

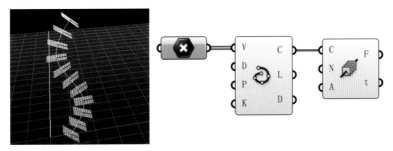

可以利用这些平面准确放置一些几何体，如下图所示，利用截面椭圆旋转放样，生成一个扭曲的曲面。

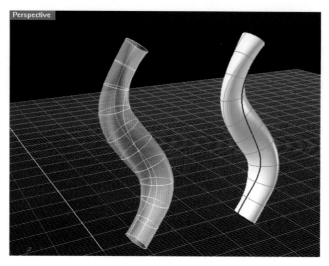

程序全图如下图所示。

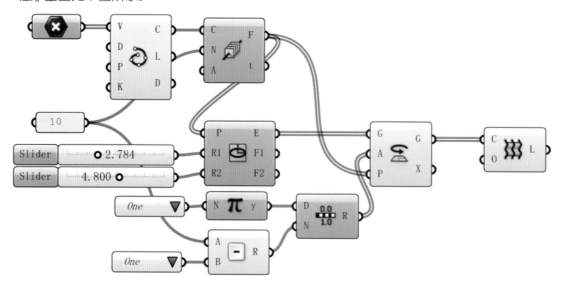

程序中仍然用到了多个数据与多个数据运算，要求数量一致，所以等分区间 Divide Domain 运算器的 N 端要减去 1，否则会出现叠加数据。选择运算器 Rotate ♋（Transform 菜单）需要两个参数确定结果，A 端为旋转弧度，如果要转化为角度，则需要在 Expression 添加表达式 Rad（A）。P 端为旋转平面，不同的旋转平面产生的结果不同，后续案例会有比较。放样运算器 Loft 〰（Surface 菜单）将生成的椭圆放样为曲面。

而生成水平面则有时候会出现平面方向不一致的情况。

如下图红色轴线的方向有时位于 x 轴正方向，有时位于 x 轴负方向。

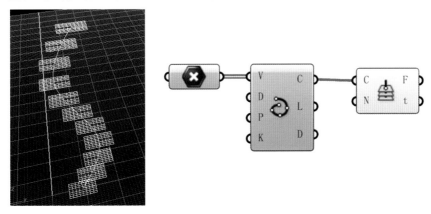

这时需要用到 Vector 菜单下的统一平面方向的运算器 Align Plane，用 x 轴正方向统一所有平面。

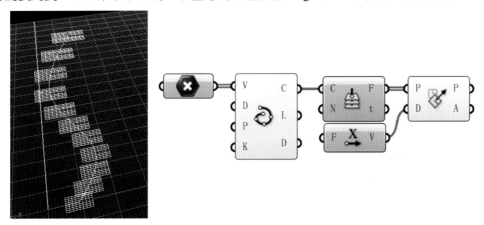

此时的平面均被统一了方向，可以利用垂直平面中的程序，对比两种方法生成结果的不同。

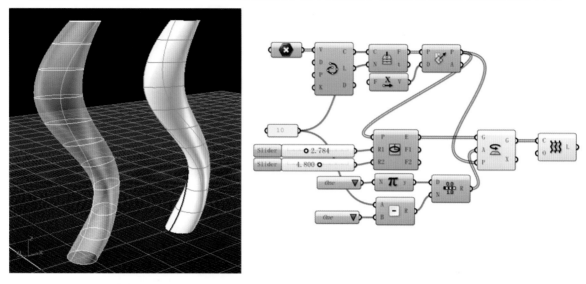

而切线平面运算器 Curve Frame 会生成沿曲线各点切线方向的平面。

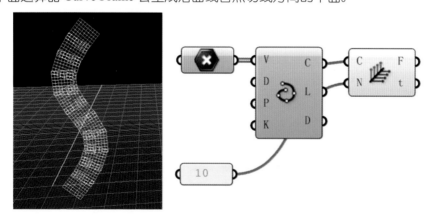

（5）曲线相关判定

除了前面所述的曲线是否闭合的判定，Curve 菜单中还有是否平面曲线以及点是否在闭合曲线内的判定。

① 三维渐变螺旋线的平面性（planarity）判定

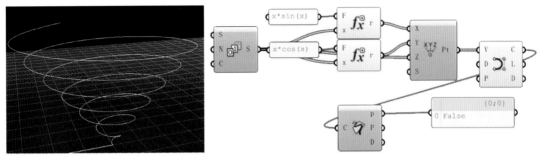

很显然，该曲线控制点的 Z 坐标受到等差数列的干扰，一定是三维曲线。程序中用到了 Math 菜单里的函数运算器 fx，即在 F 端输入函数，X 端输入对应的函数变量，放大运算器可添加变量。

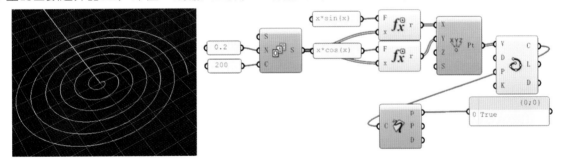

如上图所示，对于二维螺旋线的判定则为 True。

② 点是否在曲线内的判定

以下图为例，如何区分开圆内的点与圆外的点呢?

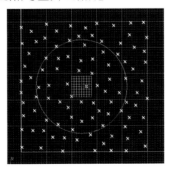

包含运算器 Containment 输出结果 R 可以作为数据分流（dispatch）的依据，P 端 Pattern。

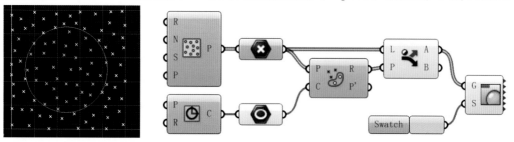

运用分流后的结果，可以找到每个点到圆的最近点（closest point），并连成线段。

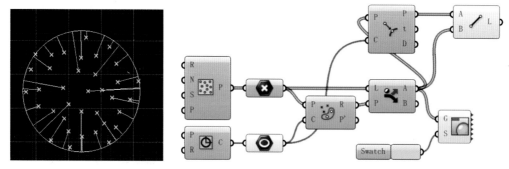

（6）综合应用实例——圆渐变星形图案

改变曲线的形状，最直接的方法就是改变曲线上点的位置，无论是控制点（control points）还是穿越点（interpolate points），都可以。

① 圆变为单个星形图案

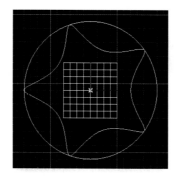

程序全图如下图所示。

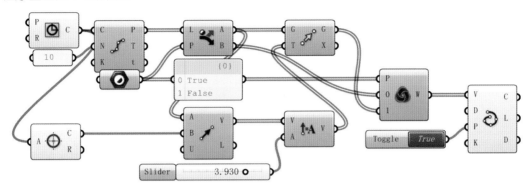

本程序的两个重要运算器（Sets 菜单）：数据分流 Dispatch 与编织 Weave，两者为相反功能。数据分流将数据分为两部分，编织将两部分按原分流方式合并为最初的数据顺序，两者共用一个方式（Pattern）。

② 图案叠加

当向量数据为多个数据时，通过调整不同参数，会生成一些有趣的图案。

如下图所示，当为多个数据时，而且数据输出发生了由小到大的渐变，从而导致生成了多个星形图案，而且这些图案呈现出由圆形逐渐过渡到星形图案的渐变特征。调整拉杆 Slider 的数值，可以调整星形图案向内收缩的幅度，从而迅速得到不同的图形结果，这也是参数化设计软件普遍具有智能化、高效、快捷的特点的体现。下图所示的 3 个图形，分别是由 3 个数据调整得出的。

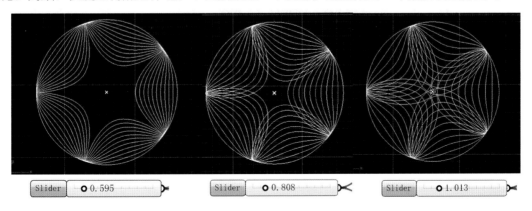

程序全图如下图所示。

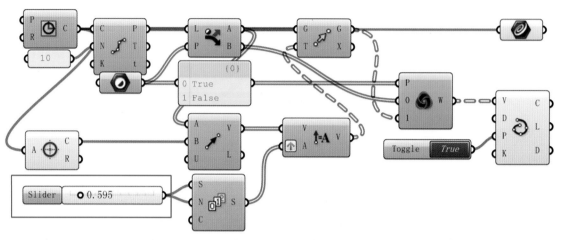

这个实例中出现了多个数据与树形数据的运算，属于交叉运算，即移动运算器（Move）G 端的每个数据与 T 端的每个数据均发生运算，不再是一一对应关系，而是一对多的关系。

3. 曲线的生成

Grasshopper 的图标有很多不用看英文解释，就能直接告诉我们这个运算器的用途，像 Curve 菜单 Primitive 与 Spline 中的运算器，大部分可以一目了然。这里仅列举几个常用实例，不作过多赘述。

（1）螺旋水平线

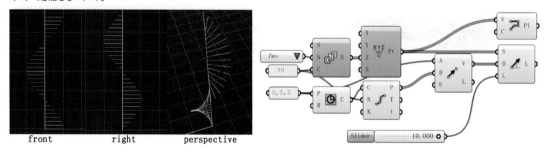

该实例主要用到方向线 Line SDL（由起始点、方向、长度确定的线段），和多段线 Polyline（由点集生成多段线）。利用这个程序，可以生成旋转楼梯。

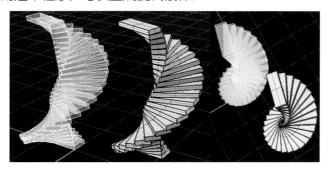

程序全图如下图所示。

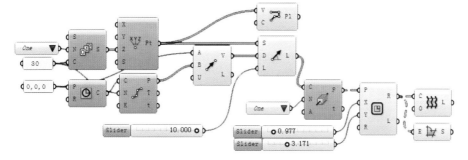

（2）双圆公切线与圆外点切线

从图标就可以一目了然的 3 个运算器，此处不作赘述。

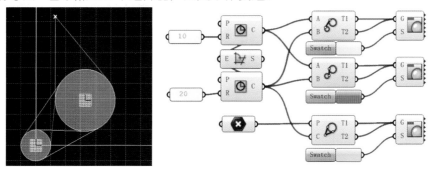

（3）公切圆与公切弧线

同样是可以一目了然的运算器。

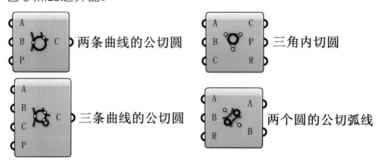

（4）以控制点生成曲线、以穿越点生成曲线

以控制点生成的曲线，曲线的首尾两点与控制点重合，中间部分均不穿越控制点。

以穿越点生成的曲线，曲线必须穿过所有的点。

以控制点生成曲线的应用案例如下图所示。

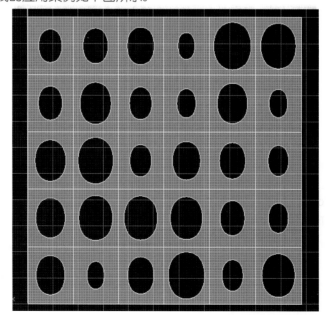

该图形具有如下特征：①开孔曲线近似椭圆但不是椭圆；②开孔曲线均在矩形内部；③开孔具有一定的随机性。经过如下分析，可以大致分析出主要控制程序参数的运算器种类：生成控制点（control points）、用控制点生成曲线（curve from control points）、偏移曲线（offset）或缩放（scale，transform 菜单）、随机（random）或打乱（jitter）以及封面（planar surface）或放样（loft）。

程序全图如下图所示。

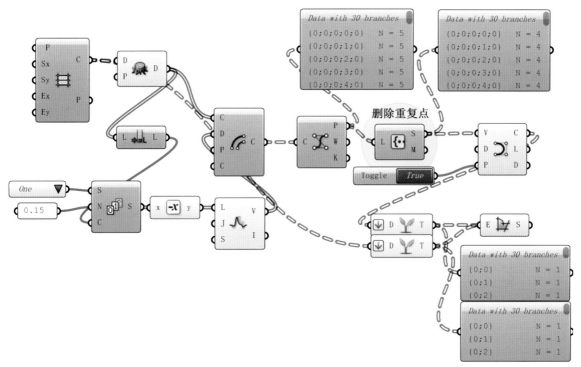

可以看到，闭合 Polyline 在提取控制点时，会生成首尾重合的一个点，所以需要用到 Sets 菜单下集合运算中合并同类项 Create Set 运算器删除重复点；同时控制点曲线运算器的 P 端设为 True，使其闭合；最后在封面（Planar Surface 运算器，Surface 菜单）时，需要将封面的两组曲线转化为相同的数据结构，否则会生成错误结果。

同样的程序和参数，换为穿越点生成的曲线，则比控制点生成的曲线范围要大，导致最后结果无法形成开孔。

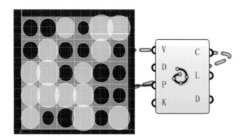

（5）贝塞尔曲线运算器 Bezier

从图标上看，该曲线的确定需要由两个点和两个切线方向控制。

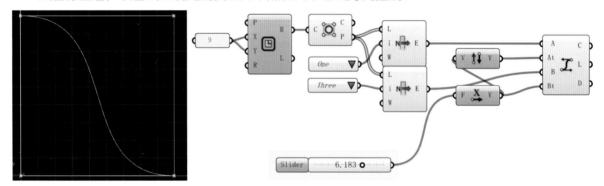

该实例将矩形的两个对角点作为控制点，X 的正负方向为控制方向，通过调整参数控制贝塞尔曲线的弯曲幅度。Grasshopper 运算器之间的连线，就是贝塞尔曲线。

多条贝塞尔曲线的生成如下图所示。

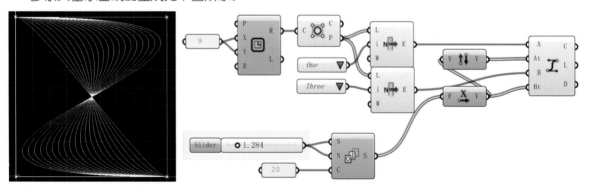

（6）悬垂线

悬垂线运算器 Catenary 是搭建在两点间自然弯曲的中轴对称曲线。弯曲的幅度可以用参数调节，L 端为弯曲幅度，需要大于 AB 两点的距离，G 端为弯曲方向。

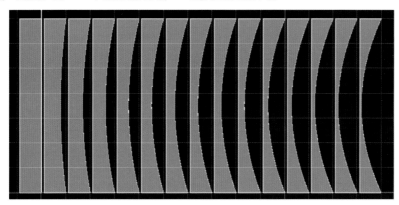

程序全图如下图所示。

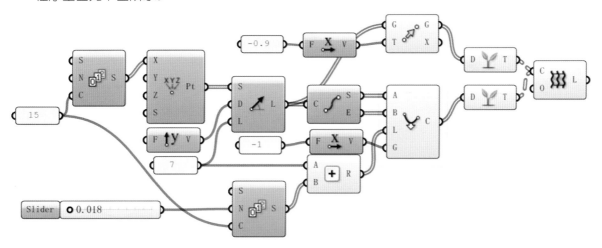

本实例中用到了 Transform 菜单的移动运算器 Move，以及 Surface 菜单中的放样运算器 Loft。如果是两组曲线放样，那么两组曲线的数据结构必须是一一对应的树形数据，且路径一致，这是放样运算器 Loft 的严格要求。

4. 曲线的编辑

曲线编辑工具在建模过程中发挥着重要作用，常用的运算器如下图所示。

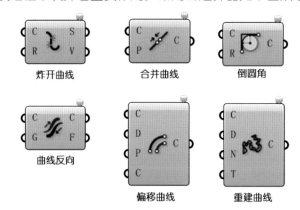

炸开曲线　　　　　合并曲线　　　　　倒圆角

曲线反向　　　　　偏移曲线　　　　　重建曲线

这些运算器和 Rhino 中的操作原理是一样的。

（1）曲线反向 Flip

在建模过程中，经常会遇到如下图所示的放样打结现象。

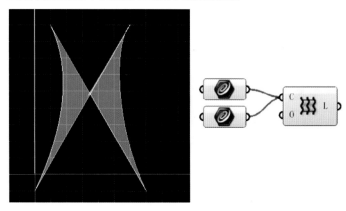

原因是放样的两条曲线方向相反，所以需要对其中的一条进行反向。

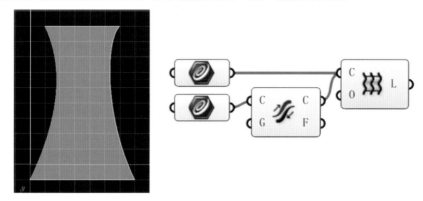

（2）曲线重建与曲线合并

在建模中经常会提取曲面的边缘线，Brep Wireframe 运算器（Surface 菜单）提取出的边缘线处于断开状态，在经过编辑后（如重建），需要重新合并为闭合多段线。

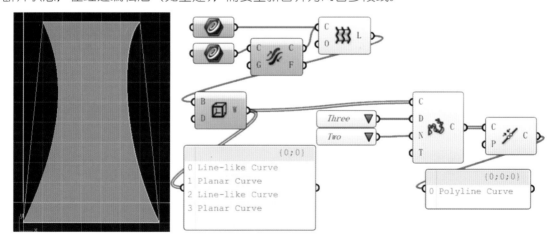

实例中将所有曲线重建为两个控制点后，所有曲线都变为线段，所以最后生成的曲线结果为多段线。

（3）倒圆角

接上图实例，在合并曲线后，可以倒圆角。

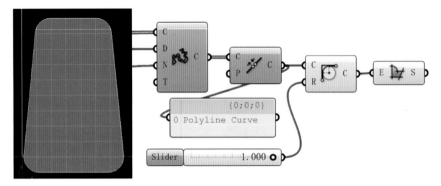

其他曲线编辑运算器与上述几种运算器均具有操作的相似性，如倒斜角 Fillet Distance 、沿曲面偏移 Offset on Surface 等。

1.5　曲面（Surface 菜单）

曲面是二维几何体，在 Rhino 中，曲面由两个方向定义，即 U 和 V，可以理解为横向和纵向，曲面有如下属性：UV 区间（UV domain）、UV 结构线(UV isocurve)、曲面控制点（control points）、UV 坐标点（UV points）、面积（area）、形心（center）等。曲面的类型可简单归类为完整曲面（untrimmed surface）和被修剪曲面（trimmed surface），如下图所示。

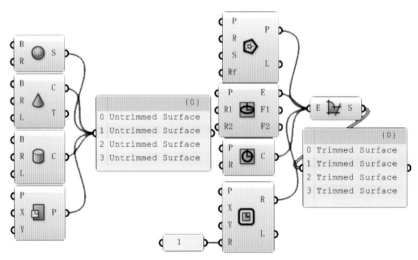

被修剪曲面可以被还原为完整曲面，以圆面为例，圆经过封面后是被修剪曲面，经过还原运算器 Untrim 被还原为正方形，正方形为完整曲面。

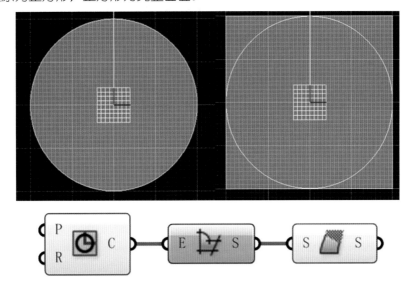

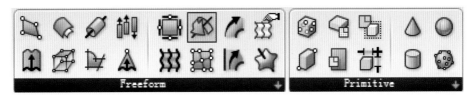

多重曲面在 Grasshopper 中被称作 brep，像立方体（box）等，当然单个曲面也可以被多重曲面兼容。

1. 基本曲面生成运算器

除了在 Untrimmed Surface 中介绍的球面（sphere）、圆筒（cylinder）、圆锥（cone）、矩形面（plane surface）4 个基本曲面外，还有一些一目了然的运算器，本着由浅入深的学习方法，依次来进行学习。

（1）四边或三边成面 Edge Surface

首先在 Rhino 中画好 4 条空间曲线，然后按顺序右击抓取到曲线（curve）接收器中。

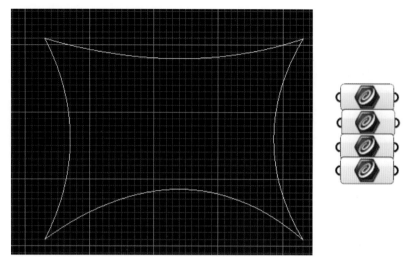

然后依次输入给四边成面运算器的 4 个输入端，就会生成相应曲面。

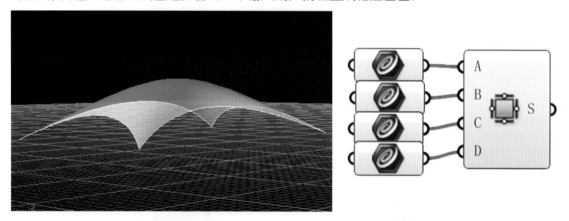

（2）四点或三点成面 4Point Surface

接上实例，用炸开运算器 Explode 将曲面分解为曲面、边和顶点，然后分别取出 4 个顶点，依次输入给四点成面运算器的 4 个输入端。

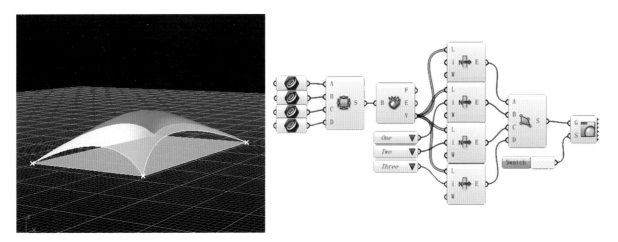

生成结果为 4 边均为线段（line）的二维曲面。

（3）偏移曲面 Offset

偏移曲面运算器仅仅将曲面按法向偏移一定距离，但不能直接形成厚度，需要利用上下两个曲面进行放样 Loft，形成侧面，最后拼合曲面（brep join）为一个整体。两个面之间进行放样，即转化为对应曲面边线的放样。

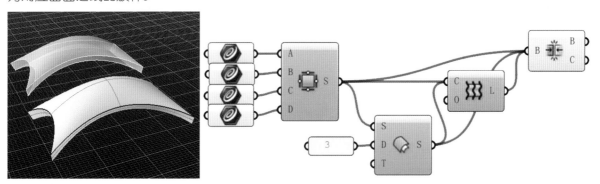

（4）挤出 Extrude

挤出，就是将二维的曲线或曲面沿某个方向拉伸为三维几何体 brep，需要由向量控制方向和距离。与 Sketchup 的 Push 命令一致。

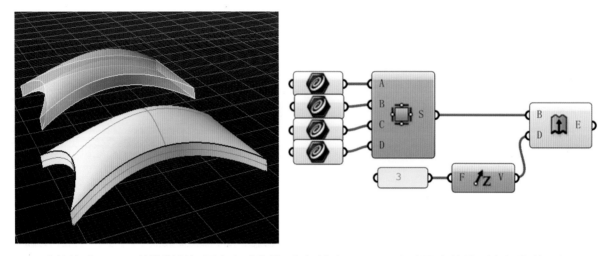

比较偏移 Offset 并放样增加厚度生成的模型，与挤出 Extrude 生成厚度的模型之间的差异如下图所示。

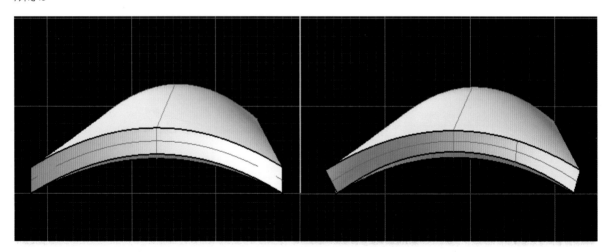

体会法向偏移形成的物体与单向挤出生成的物体，其厚度所在边的生成规律。

（5）挤出至点 Extrude Point

将一个多边形或曲面拉伸成锥体。下图将原始立方体的 6 个面沿各自法向向外挤出为 6 个四角锥体。

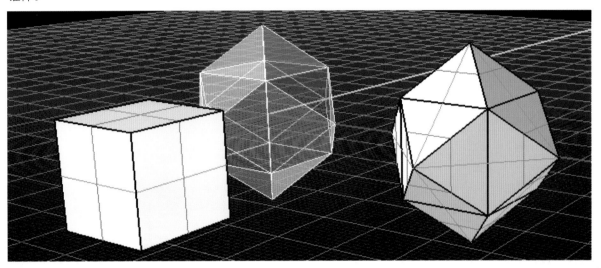

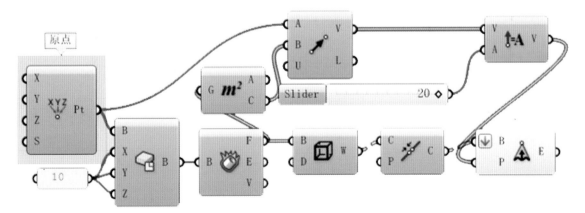

下图为利用 Extrude Point 生成的景观灯柱群。

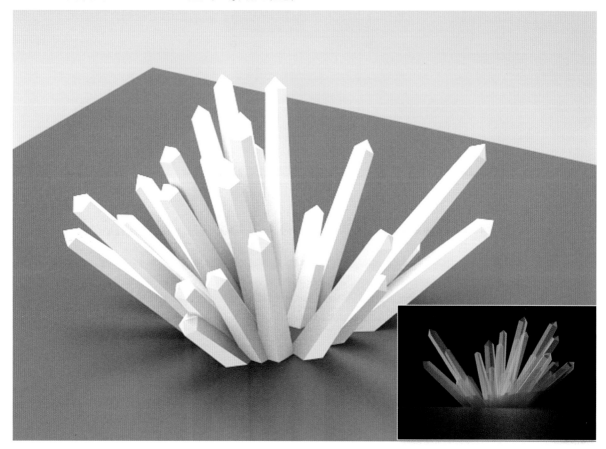

（6）曲线成管 Pipe

曲线成管运算器除了需要输入曲线、成管半径，还有一个封口方式的设置，默认 0 为不封口，1 为平口，2 为圆口。成管工具在生成空间构架时十分方便，但在数据较多、较复杂时会占用较大的内存空间。

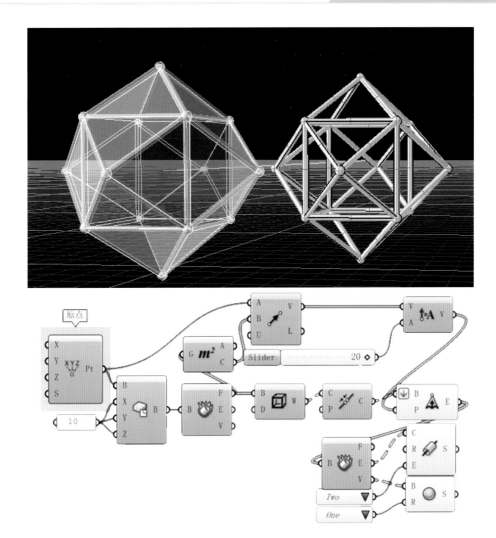

（7）单轨放样 Sweep1、双轨放样 Sweep2
与 Rhino 中的方法一致，即截面曲线按对应轨道放样。

① 单轨放样

nurbs 曲线作为截面，圆弧作为轨道，放样得到的结果如下图所示。

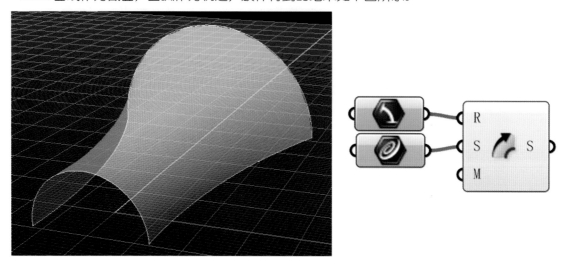

② 双轨放样

一条圆弧轨道，一条线段轨道，双轨放样得到的结果如下图所示。

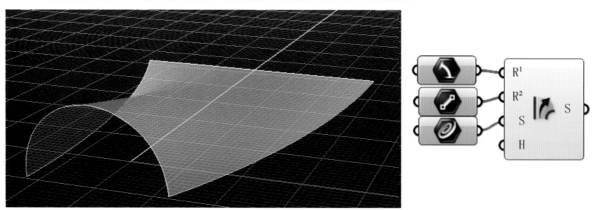

（8）旋转成面 Revolution 以及轨道旋转成面 Rail Revolution

与旋转有关的两个运算器，除了截面线，还需要一个旋转轴 axis 以及旋转角度共同确定模型。

① 旋转成面 Revolution

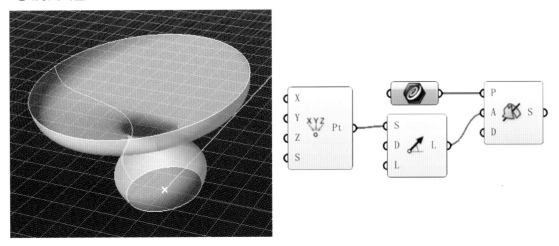

旋转成面需要截面线与轴线共同确定，A 端数据类型为线段，本案例为 Z 轴上任意长度线段即可，D 端为旋转角度，默认一周为 2π。

② 轨道旋转成面 Rail Revolution

除了旋转放样的 3 个参数，轨道旋转成面还需要一个自由轨道控制模型的生成。

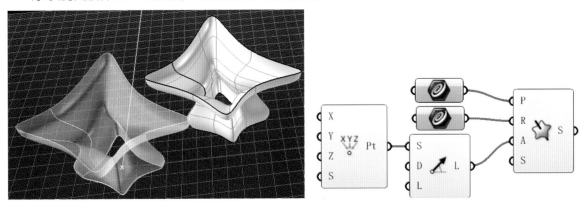

（9）加和曲面 Sum Surface

由两条曲线相加得到的曲面，一根代表 U 方向的边线，一根代表 V 方向的边线。

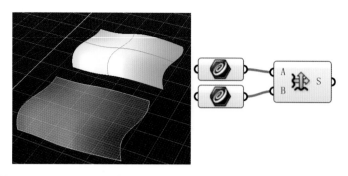

2. 曲面编辑运算器

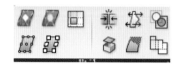

曲面编辑在生成模型的过程和最终成形中，具有非常重要的作用。常用的运算器主要有曲面细分 Isotrim、等分曲面生成点阵 Divide Surface、等分曲面生成切面 Surface Frame、合并 Brep Join、反向 Flip、复制修剪 Copytrim、封口 Cap Holes、还原 Untrim等。

（1）曲面细分 Isotrim

曲面细分有一个固定格式，即先用二维区间等分运算器 Divide Domain^2(Math 菜单)得到二维区间的细分，再输入到曲面细分运算器，得到细分的子曲面，单个曲面输出数据结构为多个数据。

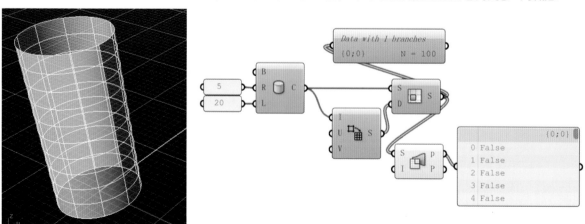

用平面性分析运算器 Planar 分析每个子曲面是否为平面，结果均为 False，即都不是平面的。

思考题：尝试实现下图曲面细分景观挡墙。

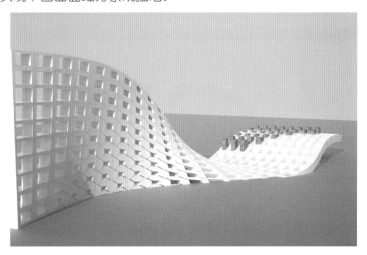

（2）等分曲面生成点阵和切面

① 等分曲面生成点阵 Divide Surface

该运算器除了按 U、V 两个方向输出点阵外，还输出点阵对应的坐标 UV 和点阵对应的法向量 normal。

以圆筒面为例，下图为点阵和向量的生成与显示。

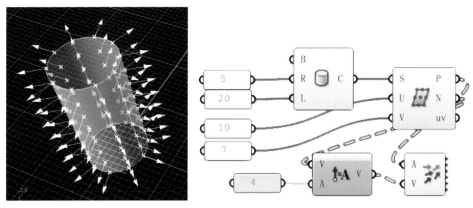

输出的 P 端和 N 端数据结构一致，故可以同时输入到向量显示运算器。

下图为根据坐标点生成曲面上的线 Curve on Surface (Curve 菜单)，生成了曲面竖直方向上的曲线。

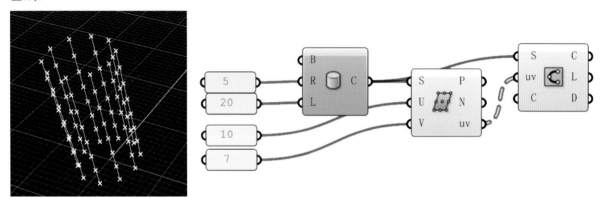

当数据结构转向 Flip Matrix (Sets 菜单) 后，行列对调，生成的曲面上的曲线就变成了水平方向。

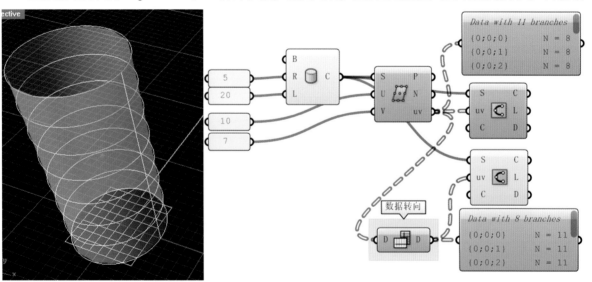

如下图所示，从所有 UV 坐标中随机选出两个，并在曲面上生成对应位置的 UV 结构线。

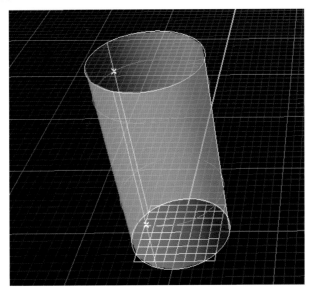

程序全图如下图所示。

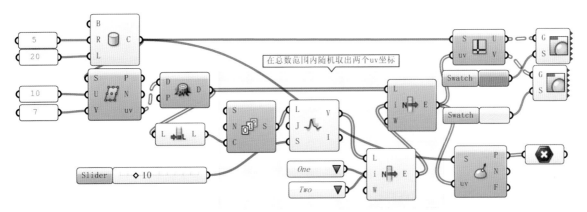

② 等分曲面生成切面 Surface Frames
曲面在某点的切面方向对于确定物体在曲面上的位置有决定性作用。

如下图所示，渐变高度的圆柱体均匀阵列于曲面的切面上。

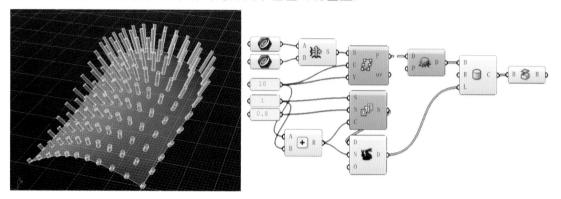

（3）曲面反向 Flip

曲面反向仅仅翻转曲面法向，其他 UV 特性不发生变化。

例如，在修剪物体 Trim Solid（Intersect 菜单）时，不同方向的曲面，修剪的部分是不一样的。以球面修剪立方体为例。

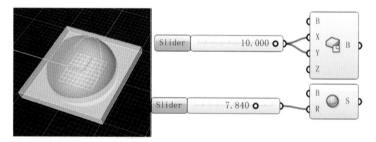

未经翻转的球面，修剪立方体后的结果如下图所示。

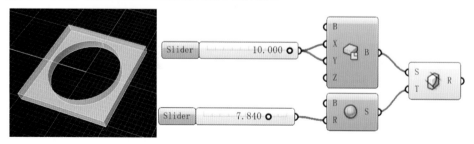

翻转曲面后，修剪结果如下图所示。

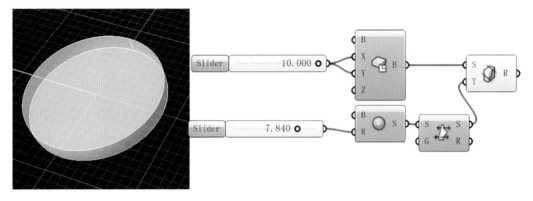

由图可见，翻转曲面前后的区别一目了然。

（4）复制修剪 Copytrim

一般来说，复制修剪是从二维的简单被修剪平面（trimmed surface）向较复杂的三维曲面复制修剪，其对齐方式是根据 UV 方向相应位置一一对应的。

如下图所示，将一个二维的开孔曲面复制修剪到一个扭转的建筑外表皮上。

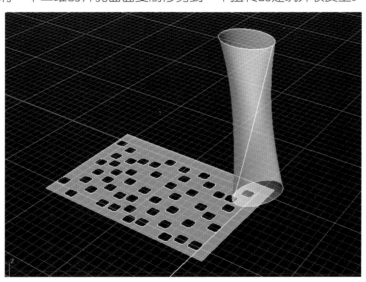

复制修剪结果如图所示。

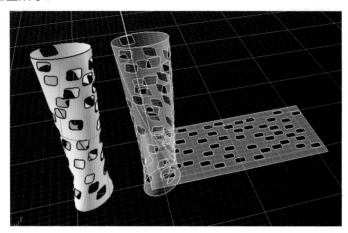

程序全图如下图所示。

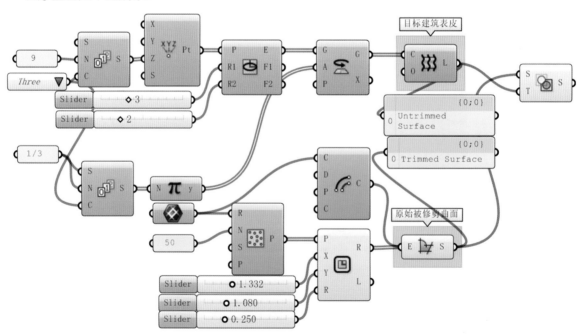

3. 曲面分析、多重曲面分析运算器

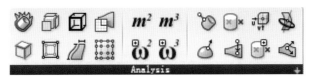

该部分运算器中，可以一目了然的运算器主要有：面积 Area m^2、体积 Volume m^3、抽取边框 Brep Wireframe▱、炸开 Brep Component✿、抽取控制点 Surface Point▦等，前边案例中已有相关介绍。其他运算器如判定平面性 Planar▱、判定点是否在物体内部 Inside▣与曲线分析中的判定是类似的，较为容易理解。该部分其他较为常用的运算器主要有最近点（包括 Brep CP✿与 Surface CP⚓）、曲面分析 Evaluate Surface 等。

（1）曲面最近点 Surface CP

CP，即 closest point。输入端为点与曲面，输出端 P 为曲面上的最近点，uvP 为曲面坐标点，D 为两点间距离。

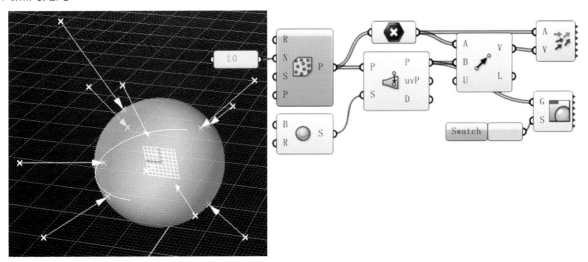

（2）关于 UV 坐标点 uvP

UV 坐标点 uvP，有的运算器上显示是 uv，都是表达一个概念，就是该点对应的区间坐标，类似于地球的经度和纬度，是数字属性。

用曲面分析运算器和二维拉杆 MDslider（Params 菜单）显示坐标点如下图所示。

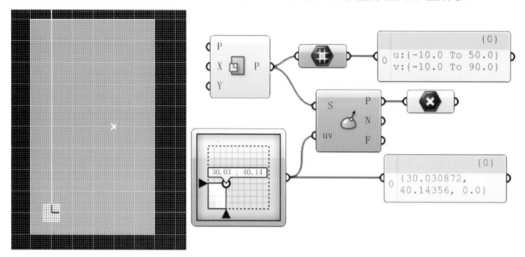

（3）曲面分析 Evaluate Surface

原始曲面如下图所示。

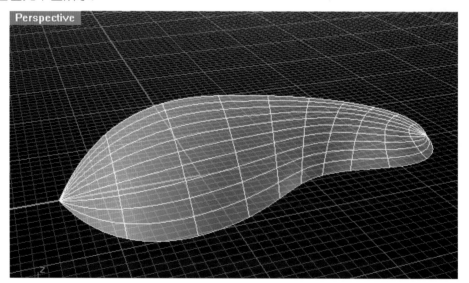

分析曲面法向 Normal 效果如下图所示。

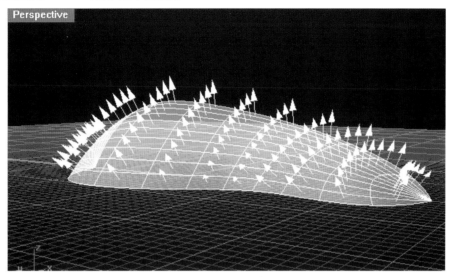

移植 Orient（Transform 菜单）后效果如下图所示。

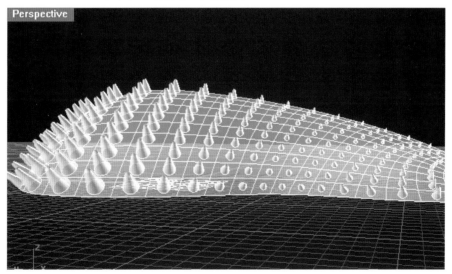

挤出至点 Extrude Point 效果如下图所示。

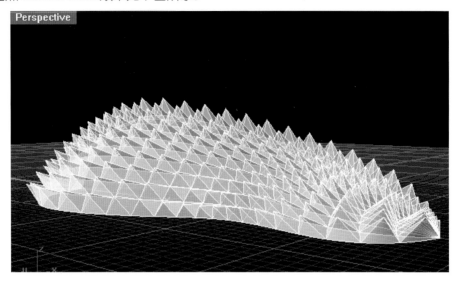

偏移曲面 Offset 效果如下图所示。

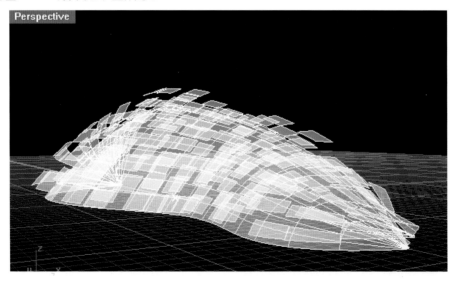

程序全图如下图所示。

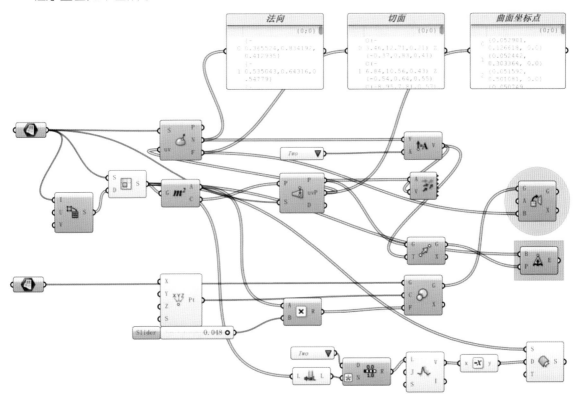

1.6　网格（Mesh 菜单）

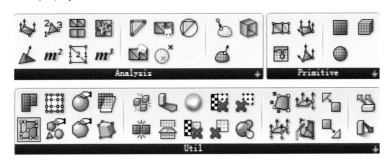

网格部分在 Grasshopper 中属于相对比较独立的一部分，拥有一套独立的操作菜单以及操作插件（如 Mesh Edit、Weavebird 等）。之前介绍的曲线(curve)和曲面(surface)均属于 nurbs 范畴，网格与 nurbs 曲线和曲面可以相互转化。本章节部分需安装 Mesh Edit 以及 Weavebird 插件。

网格的组成部分主要是顶点（vertex）、网格面（mesh face）、网格线（line），与网格常联系在一起的一个数学概念就是拓扑（topology），即网格的内部连接方式。如下图所示外观完全相同的两个网格可能具有不同的内部拓扑方式。

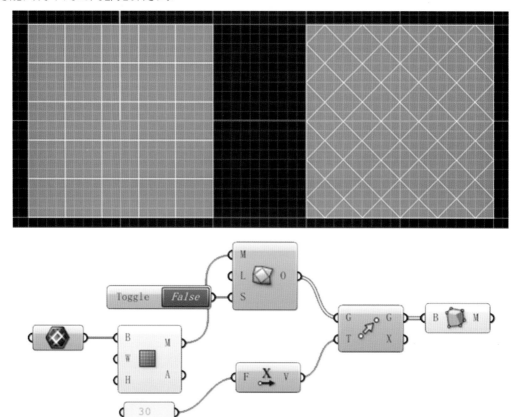

网格可以保存的文件类型通常为 3ds、obj、stl 等，在输出的过程中保持原拓扑关系不变；而 nurbs 曲面在导出 3ds 等文件类型的过程中，拓扑关系不易控制，会导致输出模型网格面布局不合理。

1. 基本网格运算器与网格分析运算器

网格部分的操作与之前曲线和曲面部分操作有一定的相似性，比较容易理解的主要有：基本网格几何体 ■ ◉ ●、网格面积 Mesh Area m^2、网格体积 Mesh Volume m^3、炸开网格 Mesh Explode ▩、包含判定 Mesh Inclusion ◉* 等，不再逐一介绍。

（1）网格的分解 Decompose 与合成 Mesh

① 网格的分解 Decompose

网格分解运算器输出端分别为顶点（vertices）、网格面拓扑（mesh face）、颜色（color）、顶点法向。

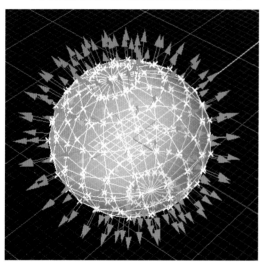

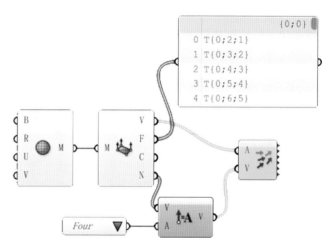

② 网格的合成 Mesh

网格经过分解，并对部分顶点进行移动，然后再按照 Mesh Face 的拓扑关系重新合成新的网格。虽然前后两个网格的模型不同，但是它们具有相同的拓扑关系。

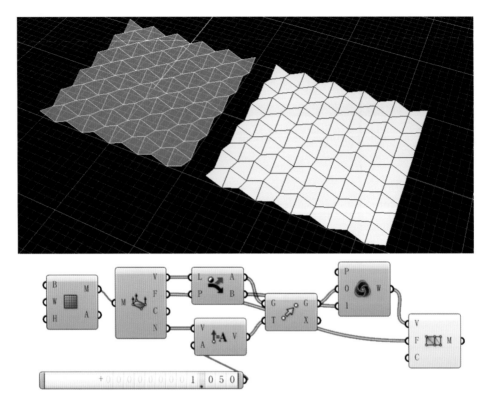

（2）提取网格线 Mesh Edges

以网格面共用边的数量为依据，分别提取 0 共用边（裸边，naked edge）、1 个共用边和多个共用边的网格线。常用的两个输出端为 E1 和 E2。

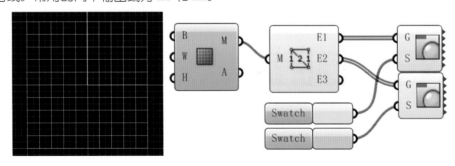

（3）提取网格面边线 Face Boundaries

下图案例为随机取出部分二维网格面边线并封面（planar surface）。

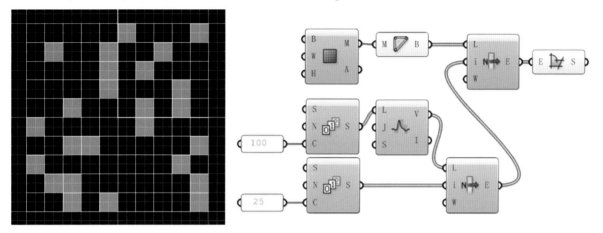

（4）四角网格面 Quad Mesh 与三角网格面 Triangular Mesh 的转化

上面两个运算器三角化 Triangulate 与四角化 Quadrangulate 为无条件转化，即将所有的相应网格面进行转化；而下面的平板化（mesh convert quads）仅仅转化非平面的四角网格（quad）为三角网格（triangular），即将所有网格面平板化。

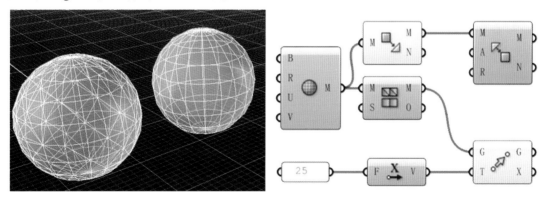

（5）改变网格面拓扑关系

通过获取网格面 Mesh Face 拓扑，并重新组合，可以得到其他拓扑关系的网格。

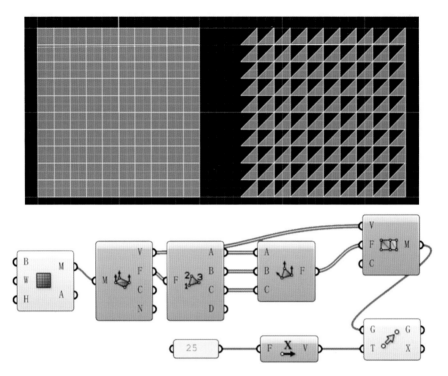

（6）网格最近点 Closest Point 与网格分析 Mesh Eval

通过找出网格的最近点，可以发现最近点均位于网格线上，而不是位于网格面上。通过网格分析可以得到最近点及其法向。

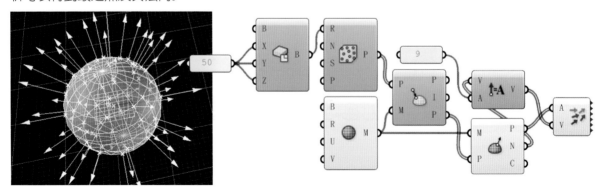

2. 网格编辑运算器

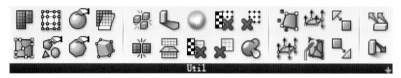

网格编辑部分与曲面编辑部分类似，像合并网格 Mesh Join 、通过点阵建立网格 Mesh from Points 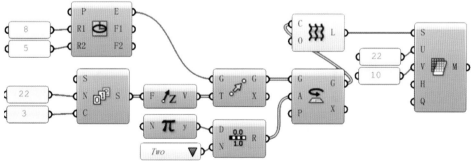、网格反向 Mesh Flip 等，还有多重曲面转化网格 、曲面转化网格 、阴影 等也比较容易理解，这些运算器较为基础和常用。

（1）曲面转化网格（Mesh Surface）

nurbs 曲面转化网格可以控制 UV 方向上等分的数量，输出结果为网格 mesh，不再具有 nurbs 曲面属性。

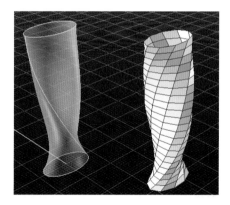

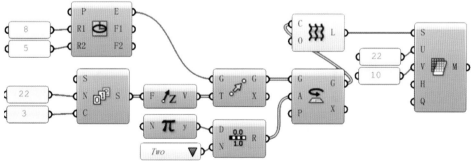

　　对于可以转化为点阵的网格 mesh 来说，可以提取顶点，用由点阵建立曲面 Surface from Points 还原为曲面。

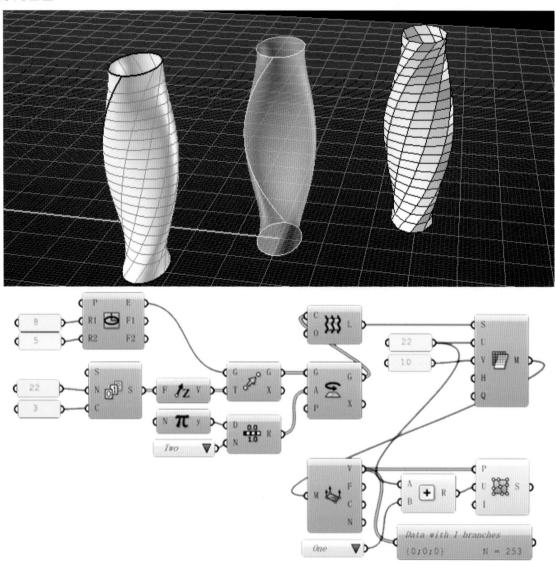

（2）多重曲面转化网格的 3 种方法

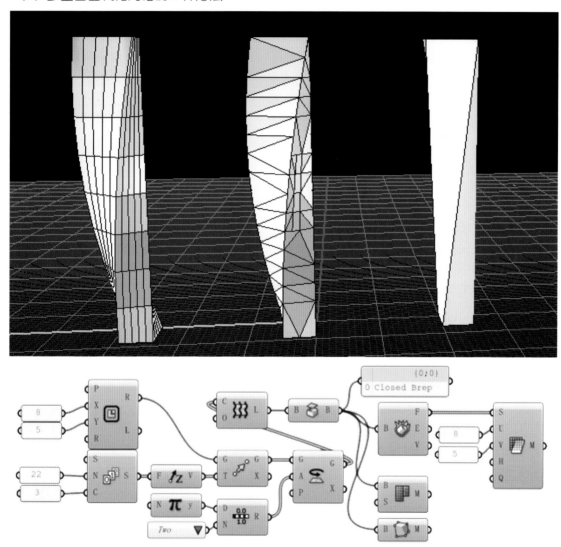

图示模型从左向右的转化方法分别为程序图中从上到下的 3 种方法：

① 炸开转化曲面，再转化为网格（mesh surface），生成的网格拓扑合理、易于控制；

② 多重曲面转化网格（mesh brep），生成的网格拓扑不易控制。

③ 转化为单一网格（simple mesh），即每个曲面 surface 转化为仅具有一个网格面的网格。

以下关于 mesh 自由转化选项 settings 的控制参数仅作了解即可，该选项需要耐心地反复调整，可控性较差，但是可以生成许多意外的拓扑效果，具有一定的随机性。下图所示为相应 setting 运算器输入端的含义。

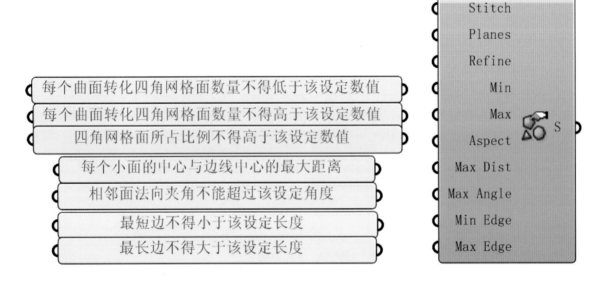

（3）网格焊接 Mesh Weld Vertices 与阴影 Mesh Shadow

① 网格焊接

网格焊接可以合并重合的顶点，使网格成为一个具有连续拓扑关系的整体。网格焊接运算器 Mesh Weld Vertices 的输出端 out 可以显示被焊接顶点的数量，焊接后的网格更为精简和统一。

② 阴影

如下图所示，阴影运算器 Mesh Shadow 可以配合太阳轨道线（Grasshopper 的插件 Heliotrope 可以生成精确的太阳轨道弧线）将物体的阴影投射到某个平面上，用来作阴影分析。

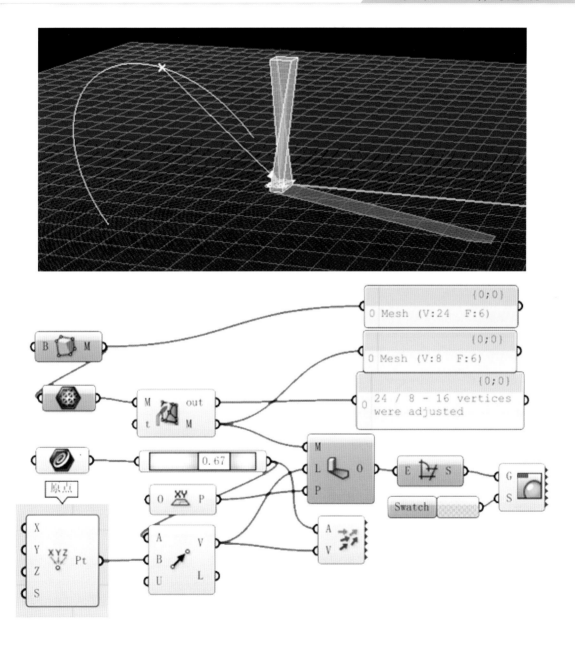

0，这个数字，有时候会捣乱……

（4）网格布尔相加 Mesh Union (Intersect 菜单）与平面剪切 Mesh Split Plane

下图案例为 10 个不同大小的球面网格，经过布尔相加后，被水平面剪切为上下两部分网格，最后通过 Dispatch 进行数据分流。

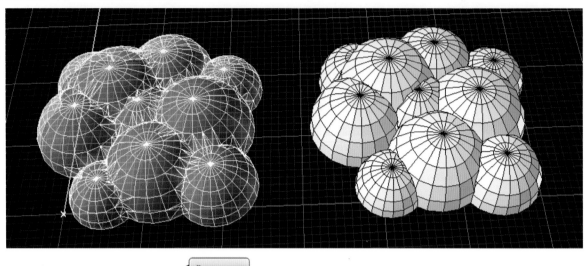

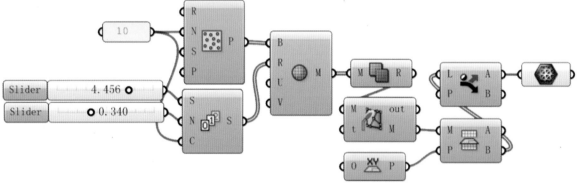

3. Triangulation 部分简介

网格部分的 Triangulation 子菜单下的运算器大部分是根据点的拓扑关系得到线段或多段线，包含了几个经典的算法，如德洛内三角 Delaunay、维诺多边形 Voronoi 以及变形球算法 Metaball 等。本章节仅介绍基本用法，可先作了解。

（1）点集外壳 Convex Hull

点集外壳算法遵循内角小于 180°法则，即外观上均向外凸起。

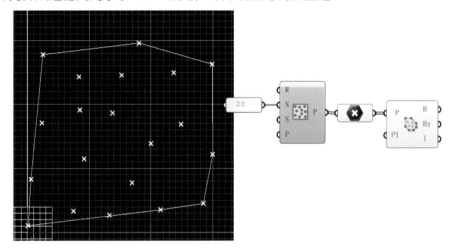

（2）德洛内三角 Delaunay

同样遵循内角小于 180°法则，德洛内三角将外壳所围合的空间进行三角划分，如下图所示，Delaunay Edge 运算器生成的是线框（line），而 Delaunay Mesh 生成的是一个三角网格（triangular mesh），两者的算法是一样的。

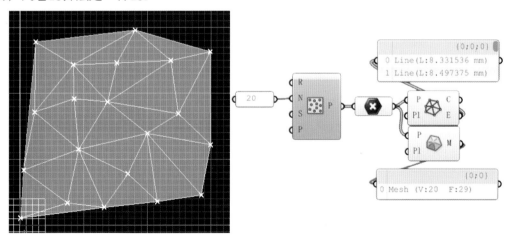

相关阅读：Delaunay 算法

Delaunay 三角形产生准则的最简明的形式是：任何一个 Delaunay 三角形的外接圆的内部不能包含其他任何点。它的最大化最小角原则是：每两个相邻的三角形构成的凸四边形的对角线，在相互交换后，6 个内角的最小角不再增大。Delaunay 三角网具有以下特征：

（1）Delaunay 三角网是唯一的。

（2）三角网的外边界构成了点集 P 的凸多边形"外壳"。

（3）没有任何点在三角形的外接圆内部，反之，如果一个三角网满足此条件，那么它就是 Delaunay 三角网。

（4）如果将三角网中的每个三角形的最小角进行升序排列，则 Delaunay 三角网的排列得到的数值最大，从这个意义上讲，Delaunay 三角网是"最接近于规则化的"的三角网。

Delaunay 三角形网的特征又可以表达为以下特性：

（1）在 Delaunay 三角形网中任一三角形的外接圆范围内不会有其他点存在并与其通视，即空圆特性。

（2）在构网时，总是选择最邻近的点形成三角形并且不与约束线段相交。

（3）形成的三角形网总是具有最优的形状特征，任意两个相邻三角形形成的凸四边形的对角线如果可以互换，那么两个三角形 6 个内角中最小的角度不会变大。

（4）不论从区域何处开始构网，最终都将得到一致的结果，即构网具有唯一性。

Delaunay 三角形产生的基本准则：任何一个 Delaunay 三角形的外接圆的内部不能包含其他任何点（Delaunay，1934）。Lawson（1972）提出了最大化最小角原则，每两个相邻的三角形构成凸四边形的对角线，在相互交换后，6 个内角的最小角不再增大。Lawson（1977）提出了一个局部优化过程（local optimization procedure，LOP）方法。

Delaunay 三角形网的通用算法——逐点插入算法简介。

基于散点建立数字地面模型，常采用在 d 维的欧几里得空间 Ed 中构造 Delaunay 三角形网的通用算法——逐点插入算法，具体算法过程如下：

（1）遍历所有散点，求出点集的包容盒，得到作为点集凸壳的初始三角形并放入三角形链表。

（2）将点集中的散点依次插入，在三角形链表中找出其外接圆包含插入点的三角形（称为该点的影响三角形），删除影响三角形的公共边，将插入点与影响三角形的全部顶点连接起来，从而完成一个点在 Delaunay 三角形链表中的插入。

（3）根据优化准则对局部新形成的三角形进行优化（如互换对角线等）。将形成的三角形放入 Delaunay 三角形链表。

（4）循环执行上述第（2）步，直到所有散点插入完毕。

上述基于散点的构网算法理论严密、唯一性好，网格满足空圆特性，较为理想。由其逐点插入的构网过程可知，在完成构网后，增加新点时，无需对所有的点进行重新构网，只需对新点的影响三角形范围进行局部联网，且局部联网的方法简单易行。同样，点的删除、移动也可快速动态地进行。但在实际应用中，这种构网算法不易引入地面的地性线和特征线，当点集较大时构网速度也较慢，如果点集范围是非凸区域或者存在内环，则会产生非法三角形。

（3）逐级分形 Substrate

逐级分形可以控制对矩形分形的角度、数量等参数，实际中可应用在生成一部分建筑体块等。

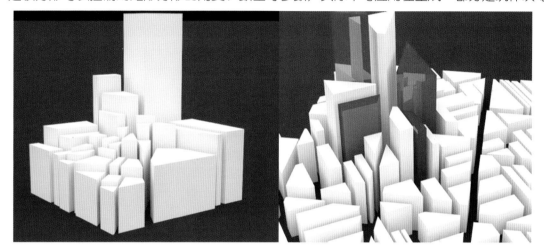

程序全图如下图所示。

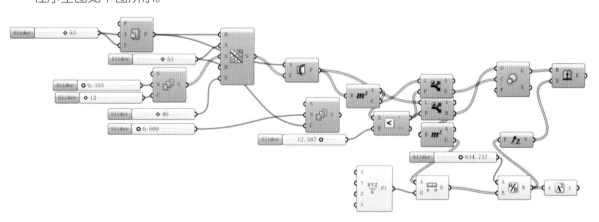

程序中用到了数据筛选操作，即根据面积大小对剪切（split）后的子曲面进行数据分流（dispatch），将面积太小的子曲面过滤掉，最后在向上挤出的过程中应用了点干扰，即距离干扰点越近的曲面被挤出的高度越大，呈现高度渐变规律，初学可先作了解。

（4）维诺多边形 Voronoi

Voronoi 图形也称为泰森（Thiessen）多边形，其概念由 Dirichlet 于 1850 年首先提出；1907 年俄国数学家 Voronoi 对此作了进一步阐述，并提出高次方程化简。关于 Voronoi 的相关研究一直以来比较热门。二维 Voronoi 图形已经被许多前卫建筑师应用到实际建筑外立面设计中，如水立方、伊东丰雄的 Mikimoto 大厦等。

① 二维 Voronoi 多边形

如下图所示，Voronoi 结合 Copytrim 运算可以得到随机多边形开窗的建筑表皮，参数可以控制开窗大小以及建筑高度等，注意，最后的 Offset 为实体在 Rhino 中操作最简便。

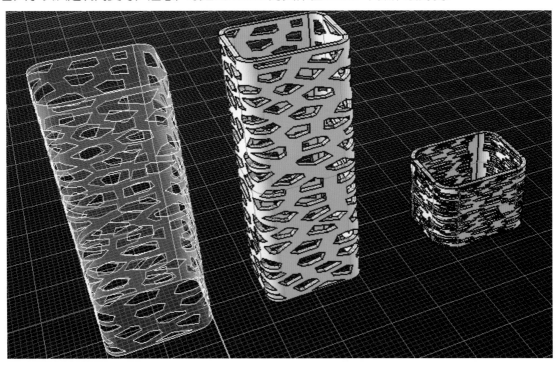

程序全图如下图所示。

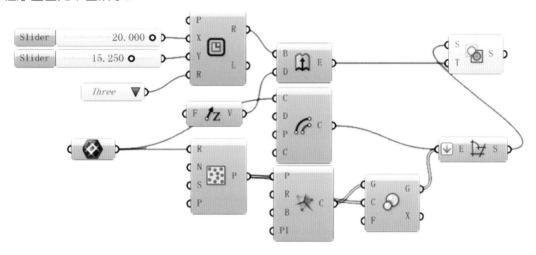

下图为运用 Voronoi 图形设计的景观护栏。

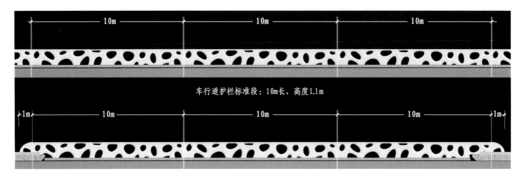

② 3Dvoronoi 模型

利用 3Dvoronoi 运算器配合其他变形工具可以得到多种造型。

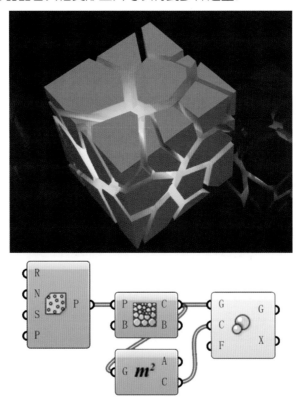

下图是 3Dvoronoi 经过各种编辑后得到的较为复杂的模型，初学者仅作了解即可。

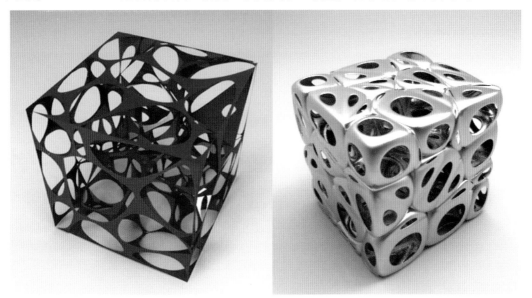

相关阅读： Voronoi 多边形及其特性

荷兰气候学家 A.H.Thiessen 提出了一种根据离散分布的气象站的降雨量来计算平均降雨量的方法，即将所有相邻气象站连成三角形，作这些三角形各边的垂直平分线，于是每个气象站周围的若干垂直平分线便围成一个多边形。用这个多边形内所包含的一个唯一气象站的降雨强度来表示这个多边形区域内的降雨强度，并称这个多边形为泰森多边形。泰森多边形每个顶点是每个三角形的外接圆圆心。泰森多边形也称为 Voronoi 图或 Dirichlet。

泰森多边形的特性是：

（1）每个泰森多边形内仅含有一个离散点数据；

（2）泰森多边形内的点到相应离散点的距离最近；

（3）位于泰森多边形边上的点到其两边的离散点的距离相等。

泰森多边形可用于定性分析、统计分析、邻近分析等。例如，可以用离散点的性质来描述泰森多边形区域的性质；可用离散点的数据来计算泰森多边形区域的数据；判断一个离散点与其他哪些离散点相邻时，可根据泰森多边形直接得出，且若泰森多边形是 n 边形，则就与 n 个离散点相邻；当某一数据点落入某一泰森多边形中时，它与相应的离散点最邻近，无需计算距离。

在泰森多边形的构建中，首先要将离散点构成三角网，这种三角网称为 Delaunay 三角网。

（5）小面圆顶 Facet Dome

如下图所示，位于球面网格上的点云，通过小面圆顶运算器生成的模型具有封闭性、平板性（planar）、近似球体等特点。

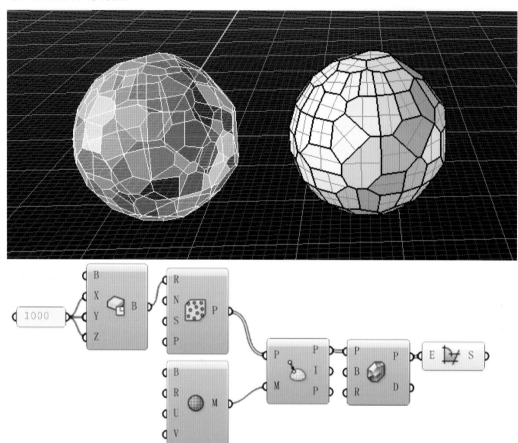

（6）变形球 Metaball

二维变形球算法可以通过调整点的通过位置以及能量场大小，调整等势线的外形，从顶视图上看，与地形图中的等高线有类似之处，初学者仅作了解即可。

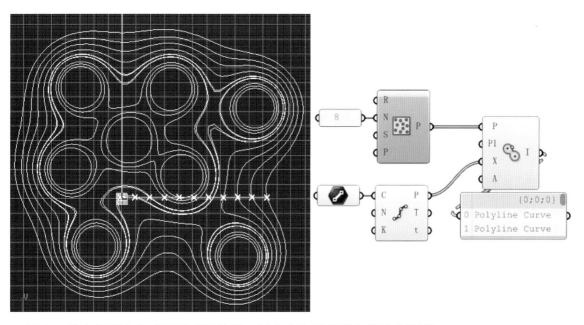

而在三维空间里去生成变形球等势线，就会产生很多形态各异的造型。

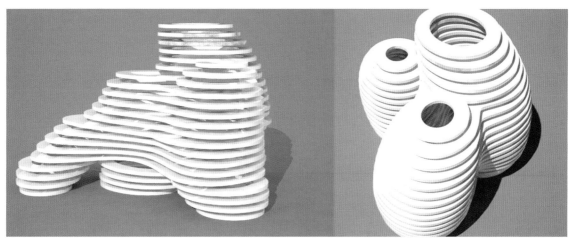

输入渐变的 T 值，可得到更加丰富的造型。

有的运算器，放大了会有新发现⋯⋯

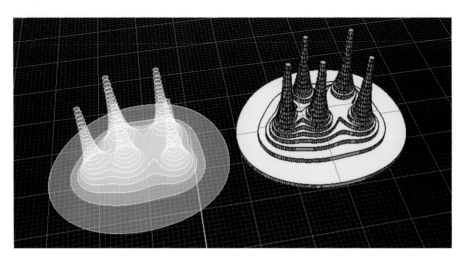

程序全图如下图所示。

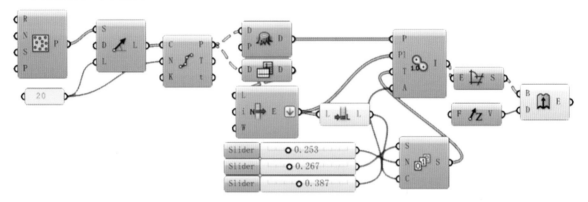

相关阅读：变形球

变形球是计算机图形学中的 n 维物体。变形球渲染技术最初是 Jim Blinn 于 20 世纪 80 年代初提出的。每个变形球都是一个 n 维函数，其中最常用的是三维变形球 $f(x,y,z)$。并且每个变形球都有一个定义体积大小的阈值。于是，则有

$$\sum_{i=0}^{n} \text{metaball}_i(x,y,z) \leqslant \text{threshold}$$

表示 n 个变形球表面包围的立体是否包含 (x, y, z) 。变形球的一个典型函数是 $f(x, y, z) = 1/((x - x_0)^2 + (y - y_0)^2 + (z - z_0)^2)$ ，其中 (x_0, y_0, z_0) 是变形球的中心。但是由于涉及除法运算，所以计算量很大。正因为如此，所以通常使用近似多项式函数表示。

1.7　相交（Intersect 菜单）

相交 Intersect 部分都是比较重要的几何体编辑工具，主要功能为在已知几何体上获取交点、截面线、修剪、布尔加减运算等。

线与线的相交，可以得到交点，并且通过输出的 t 值打断或取出子曲线；线与曲面、平面的相交除了得到交点，还可以获得曲线上的 t 值和曲面上的 uv 值；如果曲线在曲面上，则可以直接剪切曲线；平面与封闭物体 (closed brep) 的相交可以得到封闭的截面曲线，并可以执行封面 (planar surface)；物体与曲线的相交可以得到交点与子曲线；物体与物体的相交与 Rhino 中的布尔加减运算器一致。

下面仅介绍常用运算器，同类运算器大同小异，可以举一反三。

1. 曲线与平面相交 Curve/Plane

案例为利用一根空间曲线与竖直阵列平面相交,生成的空间点作为变形球 Metaball 的输入端点集。

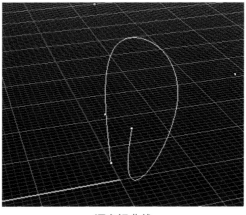

源空间曲线

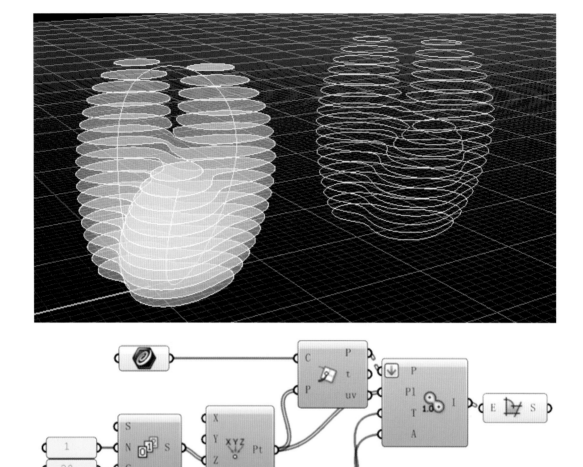

注意，最后 Metaball 生成的曲线类型为多段线，在 A 端数值较小的情况下控制点数量较多，会占用较大的内存空间，尤其最后 Planar Surface 进行封面的时候比较明显，所以在封面之前可以利用按长度等分曲线 Divide Length 进行重建，以减少运算量。

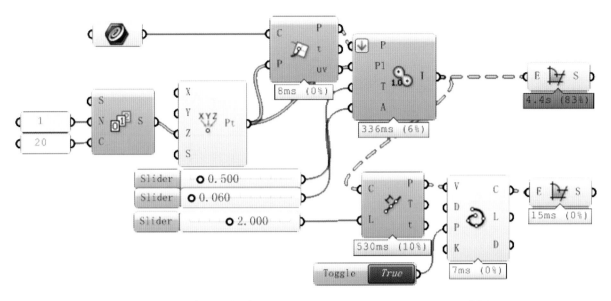

关于运算器的总体运算量查看可以在 Display→Canvas Widgets→Profiler 设置。

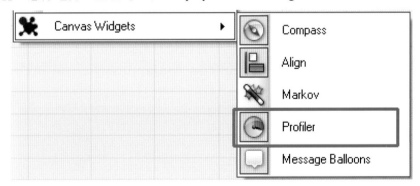

2. 曲线与曲线相交 Curve/Curve

　　一组多个曲线与一组树形数据曲线进行相交运算，将得到全部交点，如果是点阵，则可以用由点阵建立网格 Mesh from Points 或由点阵建立曲面 Surface from Points 得到网格或曲面，如下图所示，由点阵建立网格后，用 Weavebird 的镂空工具可以得到异形开窗。

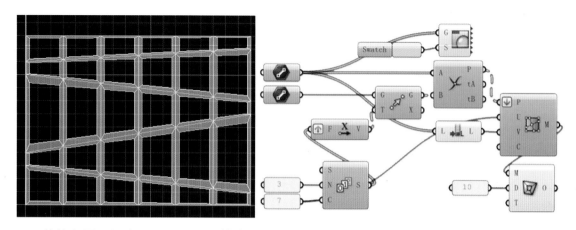

3. 物体与平面相交 Brep/Plane 与等高线 Contour

这两个运算器原理是一样的，都是平面与物体生成截面线，区别是等高线的平面只能沿一个方向等间距阵列，而物体与平面相交运算器的平面是可以自定义的，是比较灵活的。

（1）物体与平面相交 Brep/Plane

物体与平面相交运算器是十分常用的一个运算器，可以直接获得物体表面的曲线或者说轮廓线，平面与封闭物体相交可以得到封闭的截面曲线，并可以执行封面 Planar Surface。

以下案例中利用 YZ 平面的多角度旋转，与外壳相交生成多个截面线，并通过曲线成管 Pipe 运算器生成支撑结构圆管。其中由于 YZ 平面不在物体中心位置，所以产生的截面线是不均匀的，产成了渐变的效果。

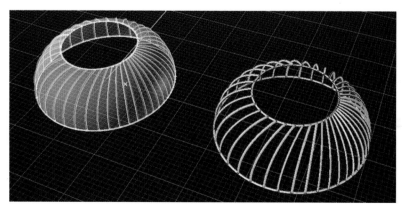

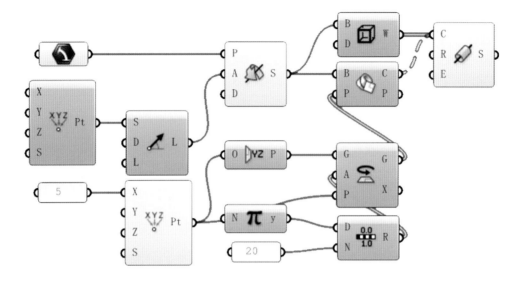

（2）等高线 Contour

在利用现有曲面生成等高线的案例中，等高线运算器 Contour 是非常快捷的，仅需要输入源曲面、起始平面和间距即可，默认 N 端为 Z 方向。

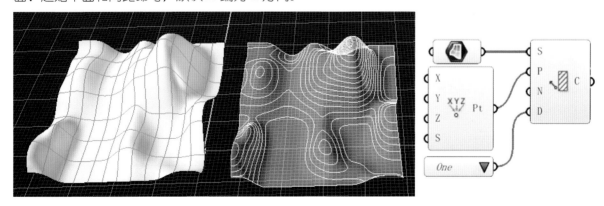

该建模思路还可以应用在工业设计中，如下图所示的双面座椅设计。图中，在将一个封闭物体进行拖动控制点变形后，用 YZ 平面阵列与物体相交产生封闭截面线，最后封面、挤出为实体。

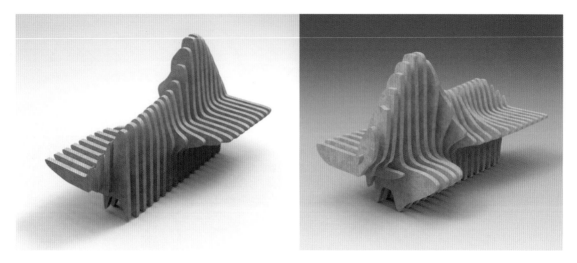

4. 剪切曲面 Split

剪切曲面也是很常用的运算器，可配合曲面上的线（结构线或截面线）将曲面剪切，下图案例通过曲面 UV 结构线进行剪切曲面，该运算器用法在本书后两章中也有应用。

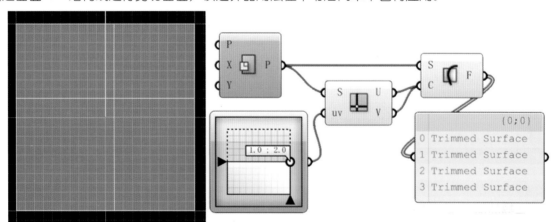

5. 闭合区域修剪曲线 Trim with Region

用一个闭合区域修剪曲线，会生成区域内 Ci 和区域外 Co 的曲线。

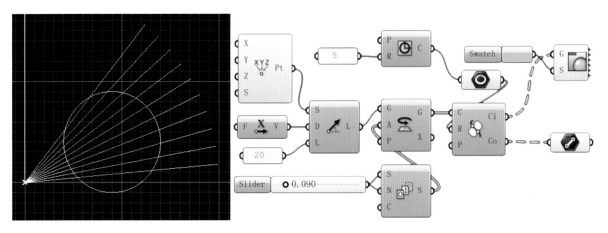

6. 布尔运算部分

以布尔取交集为例，曲面和网格的运算原理完全相同，生成的结果均为两者交集部分。

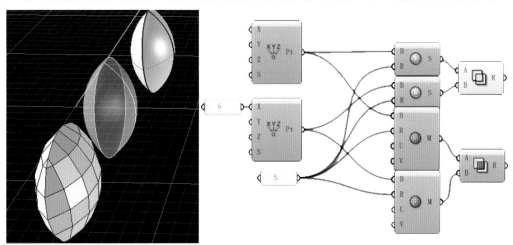

7. 区域加法 Region Union

该运算器把位于同一组的相交区域合并为最大边界轮廓线。本案例又出现了树形数据和多个数据的运算，即要求每个点都生成 10 个同心圆，所以生成的结果会有 100 个。如果等差数量运算器输出端未进行 Graft 操作，则只能生成 10 个圆，是一一对应关系。

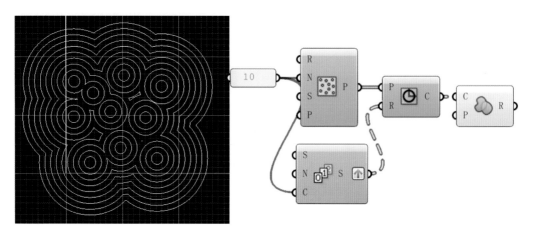

思考题: 如何将上图中的二维图形生成下图所示的中间向周边逐级降低的三维模型?

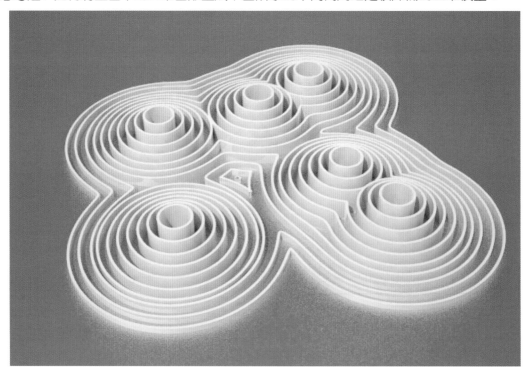

1.8　变形（Transform 菜单）

变形部分的运算器的思路与 Rhino 界面变形菜单是对应的，所以掌握好这一部分要熟悉 Rhino 中的变形操作。本书前面章节已有部分介绍，重复部分不再详述。

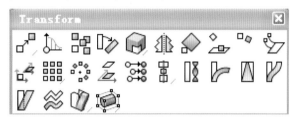

1. 单向缩放 Scale NU

单向缩放运算器可以分别控制 X、Y、Z 三个方向上的缩放比例，而 Scale 运算器只能按中心三维缩放。

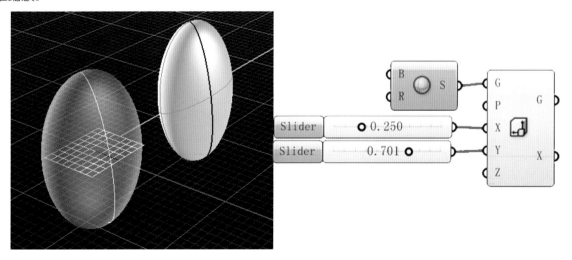

2. 按角度倾斜变形 Shear Angle

按角度倾斜变形的法则是底面 P 不变，顶面中心沿指定方向旋转一定角度，但顶面不发生旋转。

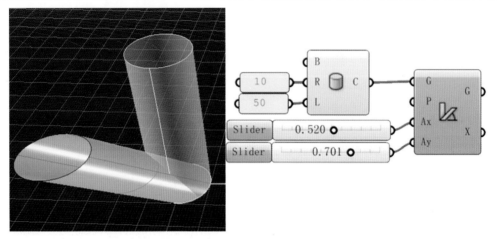

3. 镜像 Mirror 与投射 Project

镜像与投射均需要一个平面 P 作为参照，二者比较容易理解。

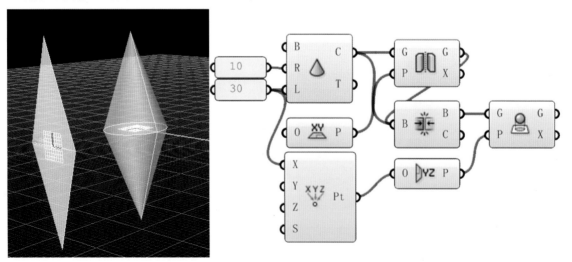

4. 曲面方盒 Surface Box 与方盒移植 Morph

曲面方盒运算器 Surface Box 在曲面上生成一定厚度的方盒，D 端为曲面区间，H 为厚度参数；方盒移植运算器 Morph 是将指定方盒 Reference Box 移植到目标方盒 Target Box 中，在生成指定方盒时采用绑定方盒运算器 Bounding Box 会得到充满指定物体的方盒，所以可以将指定物体移植到目标方盒，但是如果目标方盒发生变形，则物体也随之变形。

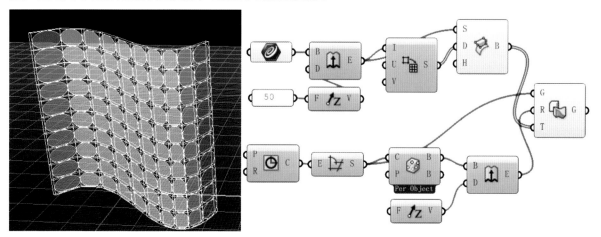

5. 混接方盒 Blend Box

混接方盒可以看作在两个曲面之间搭桥，通过设置区间确定搭桥的位置。

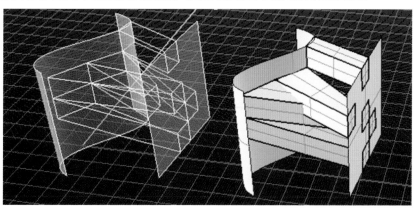

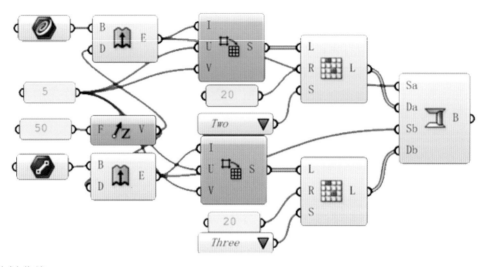

6. 映射曲线 Map to Surface

案例为将平面的曲线映射到曲面上，平面上生成的线段（line）需要重建为 3 阶、多个控制点，可以圆滑地映射到曲面上。

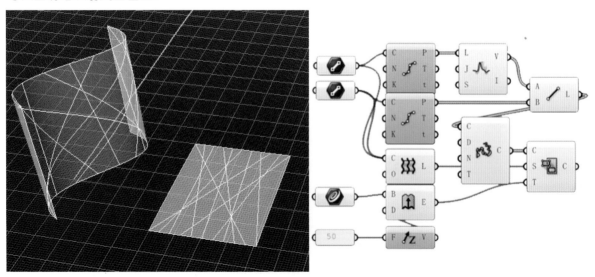

Transform 中其他运算器使用频率较少，比如与非对称镜像有关的运算器 等，仅作了解即可。

1.9 Weavebird 插件简介（WB 菜单）

Weavebird 是 Grasshopper 的强大网格编辑插件，在细分网格、柔化物体、镂空、加厚网格等功能上快捷方便，还提供了多种多面体空间造型，非常容易学习。

1. 网格细分

网格细分方式有多种，包括 、 、 、 、 、 、 、 ，从图标上即可区分这些细分运算器的功能，而各种细分方式结合运用又会产生多种有趣的造型。

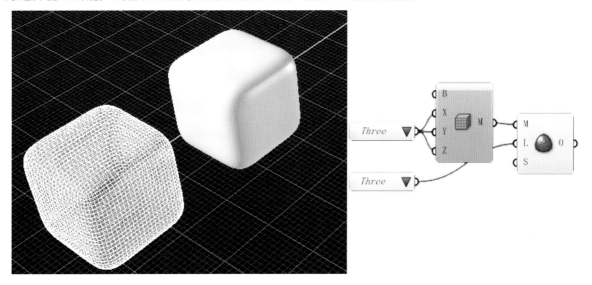

2. 网格镂空

网格镂空运算器包括 、 、 。

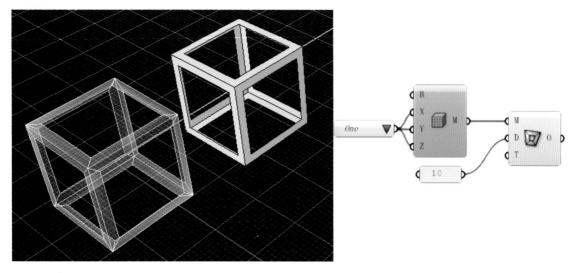

3. 网格加厚

网格加厚运算器

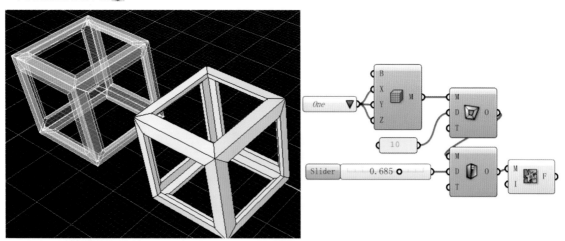

运用 Rhino 的插件 Tspline 与 Weavebird，可以制作出多种开孔各异的柔化模型，应用在工业生产中，如家具等。

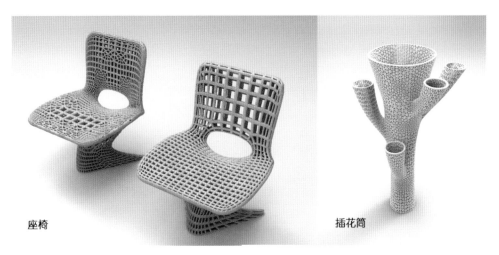

座椅   插花筒

以下作品为 Tspline 与 Weavebird 的结合运用。

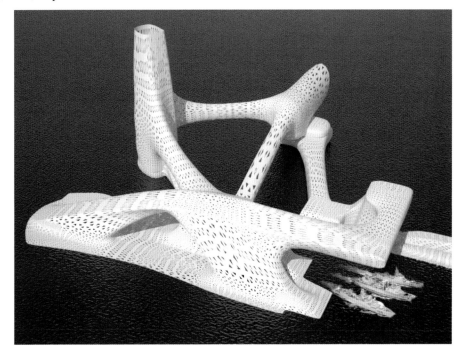

此外，Weavebird 还有抽取网格线框、顶点等 、、、、、，以及合并网格并焊接 等运算器，这些运算器在 Mesh 和 Meshedit 中都有相同功能的运算器。Weavebird 还提供了若干多面体模型、、、、、，可以直接用来衍生各种模型，如下图所示，在后面章节有相关模型的生成方法。

1.10   Lunchbox 插件简介（Lunchbox 菜单）

Lunchbox 插件是 Grasshopper 的必备插件，直接提供了很多热门模型和问题的解决方法，功能十分强大。其中也自带了许多几何体模型，包括极小曲面（klein、mobius 等）和可倒角多面体（正十二面体、正二十面体等）两部分。

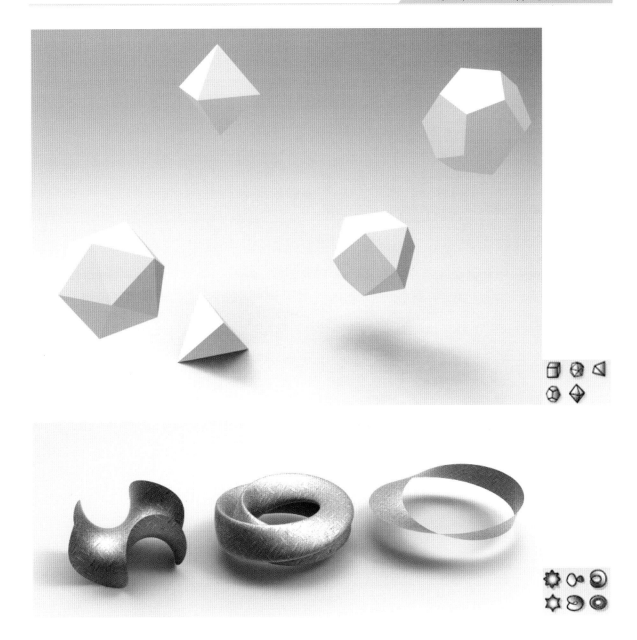

Lunchbox 最重要的工具就是其强大的嵌面工具——Panels 和 Structure，可以在曲面上直接生成常见的嵌面类型，如菱形嵌面、四边形嵌面、六边形嵌面、三角形嵌面、砖墙式嵌面等。

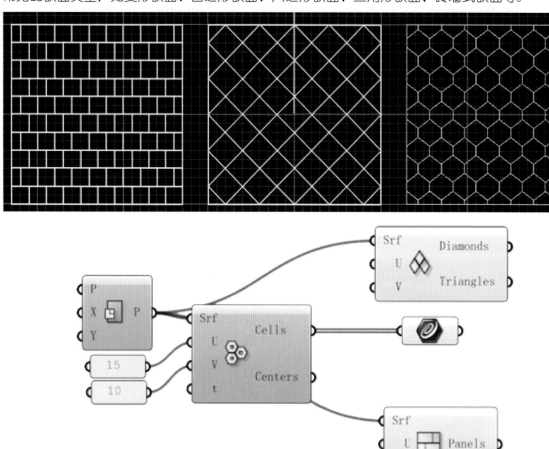

此外，Lunchbox 还自带了一些很有用的运算器，如对调曲面 UV 运算器 Reverse Surface Direction、重建曲面 Rebuild Surface、多段线转圆弧 Arc Divide，以及读取和导出 Excel 工具、，以及模型的导出 Bake、保存 Save 等运算器。

下图所示为对调曲面 UV 后与未对调之前的六边形嵌面对比。注意，对调 UV 运算器 R 端设置为 3。

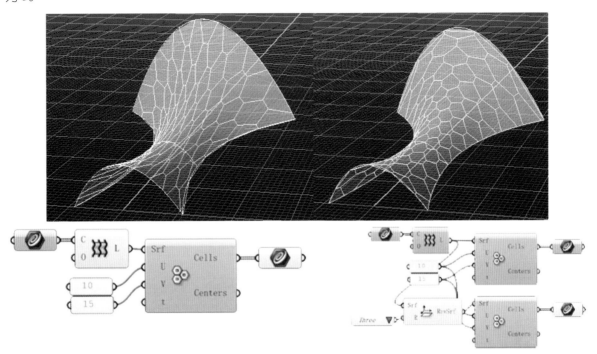

下图所示为重建曲面运算器 Rebuild 重建前后的对比。

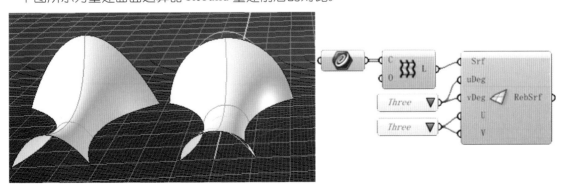

下图所示为 Grasshopper 中的点坐标数据导出 Excel。注意，Excel 需要为打开状态才能正常显示。

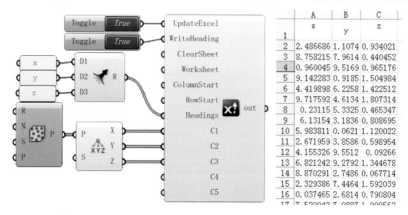

1.11 袋鼠插件 Kangaroo 简介

袋鼠插件主要功能为力学模拟动画，Forces 子菜单下均为 Kangaroo Forces，力学插件运算器，Kangaroo 子菜单下为主模拟器与基本设置运算器；Utility 子菜单下为 Grasshopper 功能的补充，如删除重合点、删除重合线段、取得网格临近点等运算器。

下图为交叉连线，即点集中任意两点进行连线，生成的结果中不含重复线段。

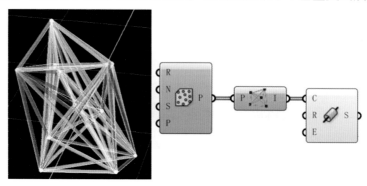

下图为找到裸边顶点 Naked Vertices。

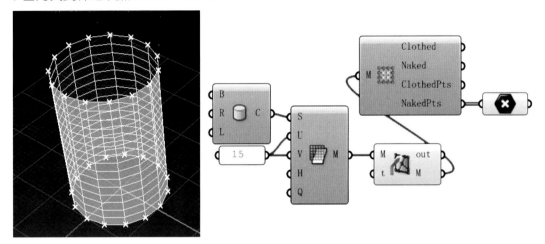

在实际应用方面，利用袋鼠插件配合 Weavebird 插件可以得到一些优化的模型，如均匀四边形嵌面网格、膜结构等，也可以后期调整四边网格 Quad Mesh 的四点共面，以及利用袋鼠调整圆相外切等。

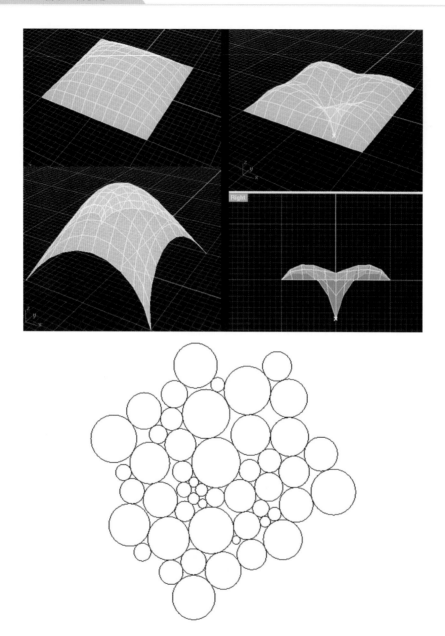

第 2 章

Grasshopper 晋级提升

    Grasshopper 晋级提升部分对入门部分的运算器加以巩固，主要以拓展思维、启发自主思考和提高分析问题的能力为主；同时介绍一些相关的基础知识，比如数据类型，数据匹配等。该部分内容初次接触会感觉比较抽象、不易理解，需要在入门过程中多加练习才能有一定的经验积累。

2.1 数据类型及兼容性

1. Grasshopper 的几何体数据类型

Grasshopper 中的数据类型从几何学上分类，大致可归结为 4 类：点（point）、曲线（curve）、曲面和多重曲面（surface&brep）以及网格（mesh）。每一类几何体（geometry）都可以与几项基本几何体的数据类型相互兼容或转化。

点可以与平面 (plane)、向量 (vector) 相互兼容或转化；曲线可以兼容线段、多段线、圆 (circle)、（圆弧 arc）、nurbs 曲线等；多重曲面可以兼容曲面、物体（object 或 closed brep），如立方体（box）、扭曲立方体 (twisted box)、球体（sphere）、开放多重曲面（open brep）等。

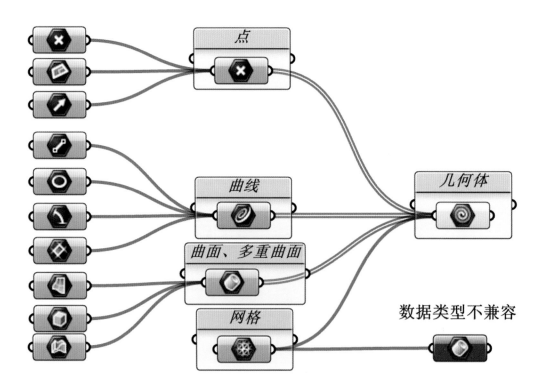

　　某些几何体在一定条件下才可以发生转化，比如曲线在二维曲线（planar curve）的情况下才可以转换为平面。

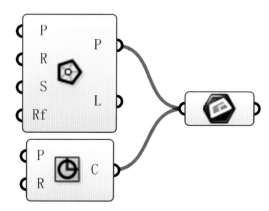

　　而有些数据类型不兼容的几何体是不能兼容或转化的，否则运算器会爆红，提示错误操作。

　　下图案例：细分曲面（isotrim）运算器的输入端 S 仅支持曲面类型，而对于 box 等多重曲面类型会报错。

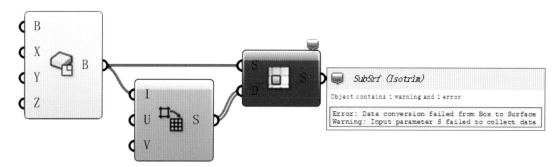

2. 数据类型

　　几何体在 Grasshopper 中也只是数据（data）的一种。

　　数据是 Grasshopper 中最大的专业名词，它可以囊括一切数据类型。包括几何体、布尔值（boolean）、字符串（string）、数字（number）、区间（domain）、路径（path）等数据类型。

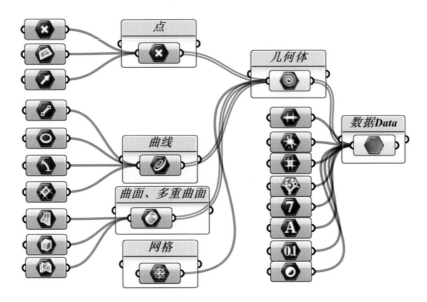

3. 关于数字

数字可分为整数（integer）和小数（floating point number），整数运算器 Integer 具有四舍五入功能，但是在遇到临界小数 n+0.5 的时候会取偶数舍入。

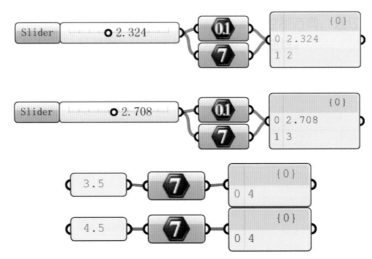

同时整数 N 又可分为奇数（odd）和偶数（even），可以双击滑竿 Slider 图标设置。

2.2　曲线、曲面与区间的转化

曲线和曲面，在 Rhino 中是可以和数学中的区间相对应转化的，即由数字定义几何体的思想，点也是纯数字的属性。

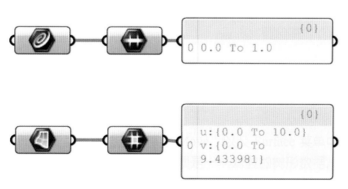

2.3 归一思想

Grasshopper 中经常会采取数据归一的思想简化或统一数据。

1. 数列的归一

案例：将 0 to 10 的数列，映射（remap）为 0 to 1 的区间数列。

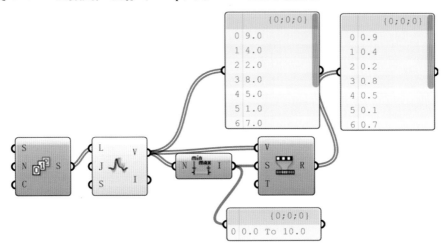

2. 向量的归一

将不同大小的向量，转换为 0 to 1 之间长度的向量，起点可以更换为任意点，本案例将空间点与球面间向量转换为位于原点的 0 to 1 长度区间的向量，方向仍然指向球面点。

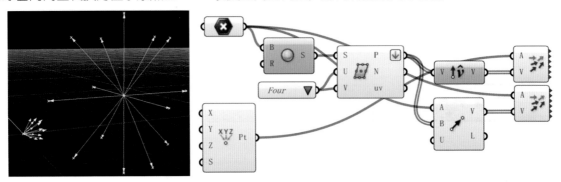

3. 二次参数化 Reparameterize

当我们对一个曲线、曲面类型的输入端或输出端右击时，在弹出的对话框中会出现二次参数化 Reparameterize 选项，单击选中，就可以将任意区间范围的曲线或曲面转化为 0 to 1 之间的曲线或曲面，这样更有利于参数控制。

案例曲线经过二次参数化后，区间被简化，更容易分析和获取曲线上的点。

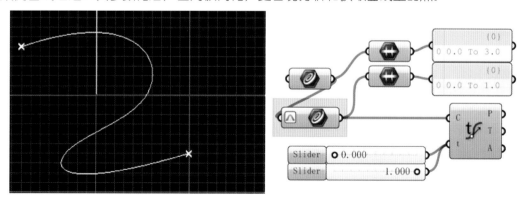

曲面经过二次参数化的简化区间如下图所示。

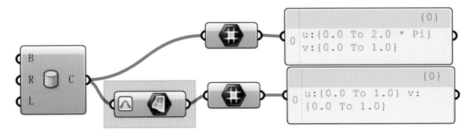

2.4　关于 Fit

从点云中找到最合适的平面、圆、线段、球体以及边界立方体（bounding box），即由不规则或随机的点云，转化为规则几何体。

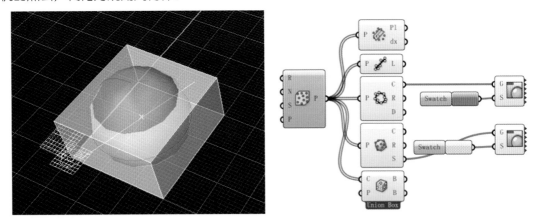

2.5　数据干扰

数据干扰包括点干扰、曲线干扰、曲面干扰、物体干扰等，究其实质，均为利用点到几何体的距离作为干扰数据。从这一点上理解，则可以按照意图去创造一个有规律或随机的数列。

1. 曲线干扰

如下图所示，利用点到曲线的距离作为干扰数据，设定最大值与最小值，影响矩形两个角点的位置，最后再穿点为闭合为 polyline。下面的点干扰以及圆干扰案例均采用同一逻辑，不同的干扰类型。

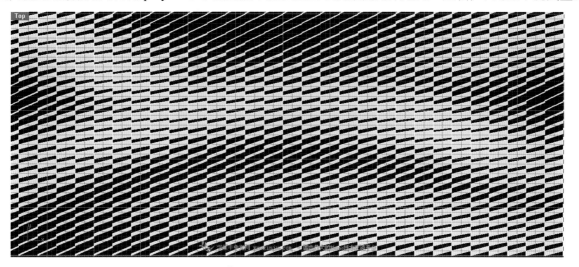

2. 点干扰

点干扰效果如下图所示。

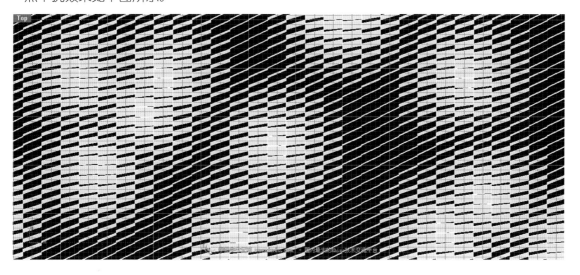

3. 圆干扰

圆干扰效果如下图所示。

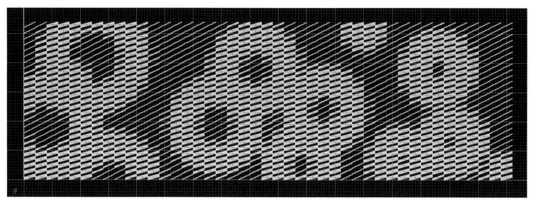

程序全图如下图所示。

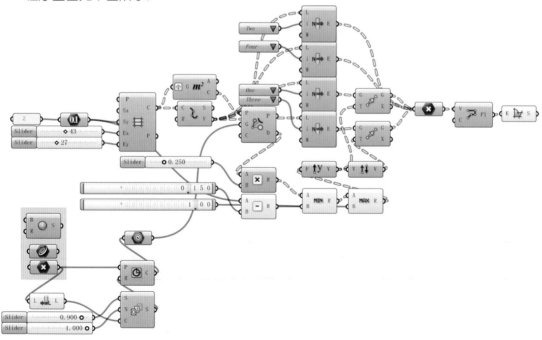

以下是常见数据干扰模型渲染图，可以作为思维拓展练习。

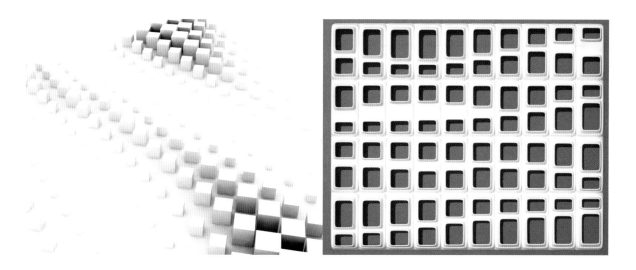

思考题：尝试下列建筑立面的生成方法。

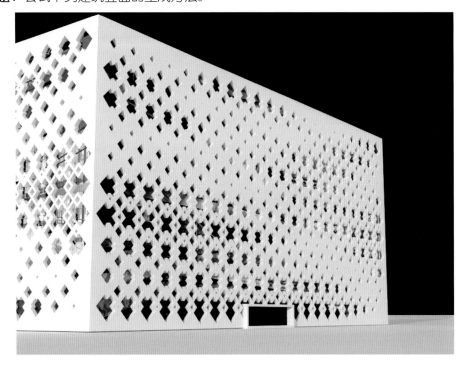

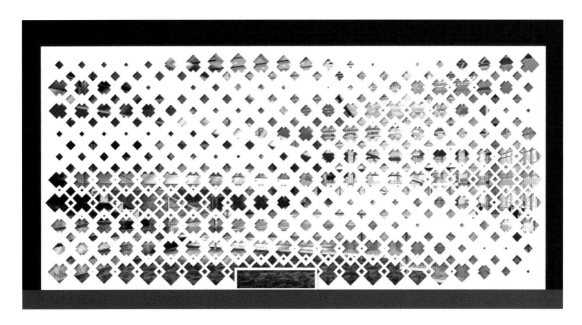

2.6 小数取整

除了可以四舍五入的整数运算器 Integer ⑦，Grasshopper 还可以输入函数取整，主要有底数（floor）与顶数（ceiling）两种。顾名思义，底数函数无论小数部分是多少，都择小取整数部分；而顶数则无论小数部分是多少，都择大取整。底数与顶数的整数部分相差 1。

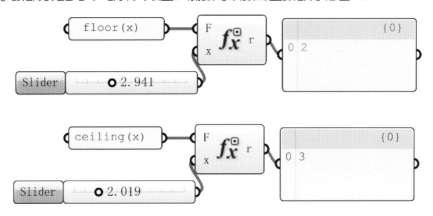

Math 菜单下的 Round 运算器具有上述全部功能。

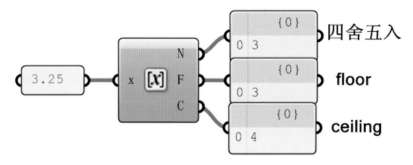

2.7 数据推移 Shift List

1. 在一个圆筒面上生成螺旋线以及交叉螺旋线

螺旋线可以通过推移竖直方向每个组的点序，使其相同编号的点始终处于斜向位置，最后穿点成线。其中两次用到数据行列转换（flip matrix），将水平方向上的连线关系更改为竖直方向上的连线关系。体会数据结构的转换原因。

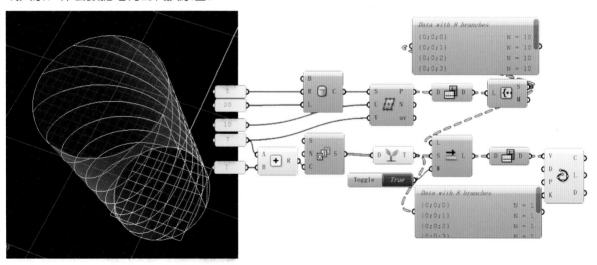

通过显示点序运算器 Point List（Vector 菜单）可以发现相同编号的点呈现螺旋状排列。显示点序运算器仅具有显示功能，无法烘焙。默认的字体大小较小，可以通过 S 端设置字体大小；T 端和 L 端默认均为 True，分别显示序号和连线。

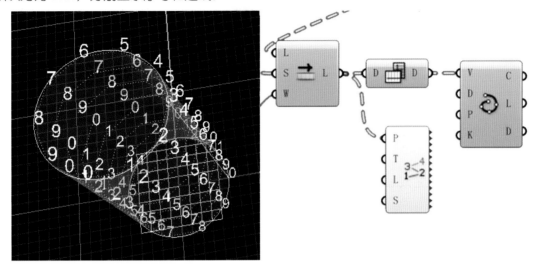

同样的逻辑，使用负数运算器反向推移，即可形成交叉螺旋线。

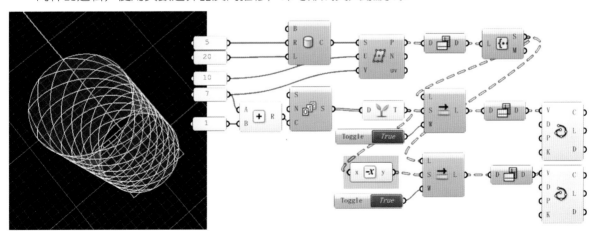

2. 利用数据推移 Shift List 生成交叉漩涡网线

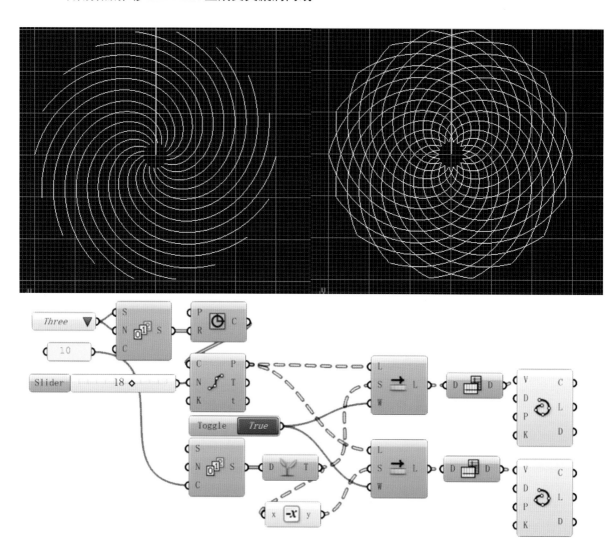

2.8 数据匹配

从 Grasshopper 升级新版本后，旧版本运算器采用右键设置数据匹配的方法被取消，在 Sets 菜单的 List 子菜单下相应增加了 3 个运算器，即 、 、  替代了原来的取长运算 Longest List、取短运算 Shortest List 及交叉运算 Cross Reference 三种数据匹配方式，而每一个运算器各自又添加了若干种运算方式，可以通过右击设置。

取长运算器和取短运算器仅在数据长度不同时发挥相应作用。

1. 取长运算 Longest List

取长运算为 Grasshopper 全部运算器默认的运算方式。

取长运算即按照 AB 长数据的数据长度进行运算，默认 Repeat Last 运算模式是长数据，多出部分都按短数据的最后一个数据进行运算，Repeat First 模式是按首项重复参与运算。其他运算方式可按图示方法寻找规律。

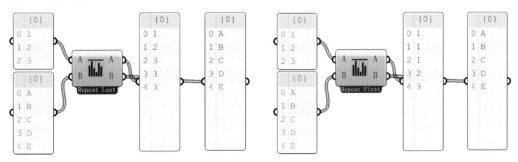

True = 1，False = 0

2. 取短运算 Shortest List

取短运算，即按照 AB 最短数据长度进行运算，默认 Trim End 模式是长数据的末尾多余项不参加运算，Trim Start 则是起始多余项不参加运算。其他运算方式可按图示方法寻找规律。

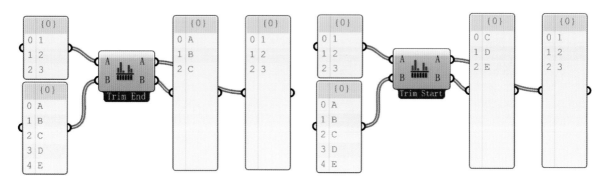

3. 交叉运算 Cross Reference

交叉运算有 7 种运算方式。默认的 Holistic 运算方式，即常见的交叉运算，A 组内每个数据都要与 B 组内每个数据运算一次；而第二种 Diagonal 运算方式，每一项均不与其编号相同的数据运算，仅与其他数据运算。其他的运算方式均可用图示方法寻找规律。

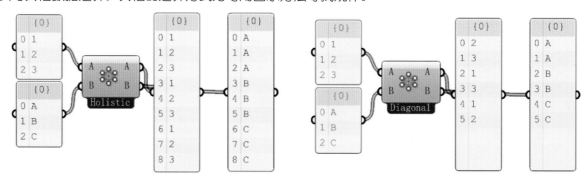

应用案例：在练习中经常会遇到数据不是一一对应关系的运算，所有运算器默认的运算方式均为取长运算 Longest List，如下图所示。

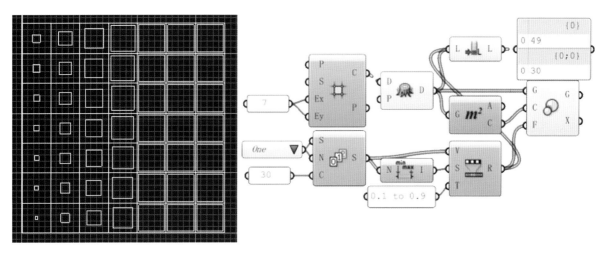

如果采用取短运算方式会得到什么结果呢？如下图所示，采用取短模式 Trim End 选项可以将缩放运算器 Scale 的 3 个输入端统一为最短数据进行运算，最后生成的结果与最短数据长度一致。

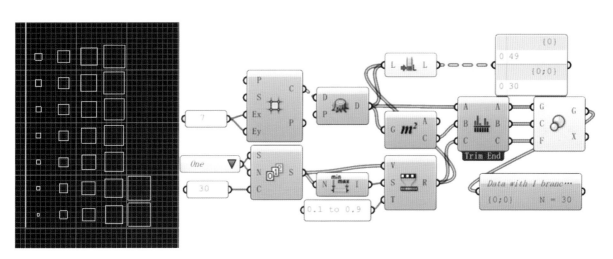

注意：Grasshopper 中某些运算器放大可以继续添加输入端和输出端。

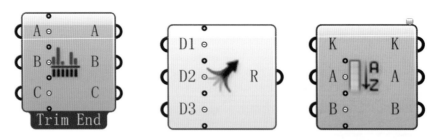

如果输入的参数数量大于需要处理的数据数量，则默认的取长运算模式将会产生多余的重复数据，此时采用取短模式则可避免该现象的发生。下图中，最后一个方格被进行多次运算，产生多余重叠数据。

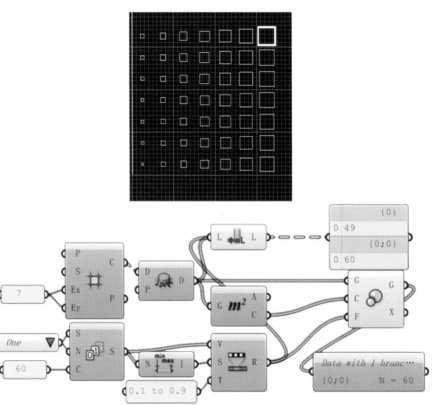

2.9　图形渐变应用——中钢国际大厦六边形变四边形

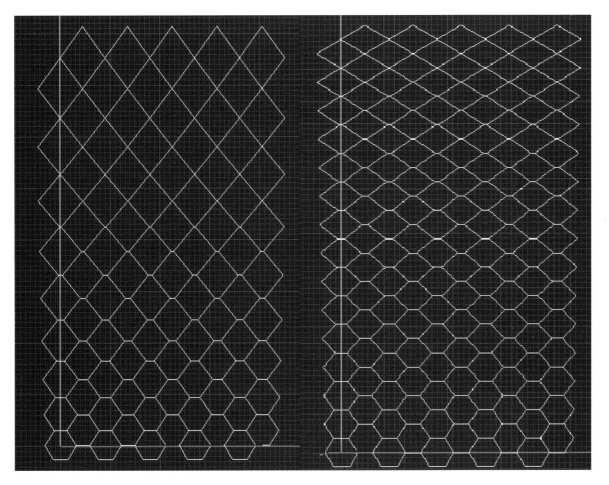

　　该图形渐变看似比较神秘，看不出思路，但是仔细观察角点可以发现，六边形水平方向的边逐渐向中间移动并消失，然后逐步推导每个交点的变化，确定间隔的角点向同样的方向移动，相邻的角点向相反的方向移动，移动的距离呈现由下向上逐渐增大，然后水平方向上的角点重合于相应边的中点处。

程序全图如下图所示。

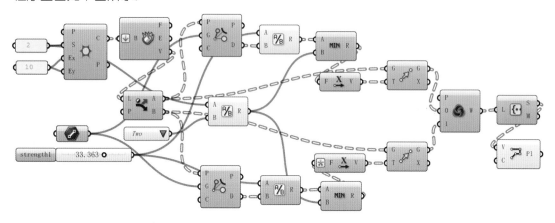

程序中采用数据分流（dispatch）将间隔的点放在同一组进行移动，并用一条 x 轴上的线段作为移动距离参照物，同时设定最大移动距离为 1/2 边长，以保证相邻水平点移动到中点重合。注意：分流后按原顺序编织（weave）成的 6 个角点中，顶部有些角点已经移动到重合点，需要用 Create Set 运算器删除重合点。

思考题：尝试实现下列六边形为基本单元的图形渐变。

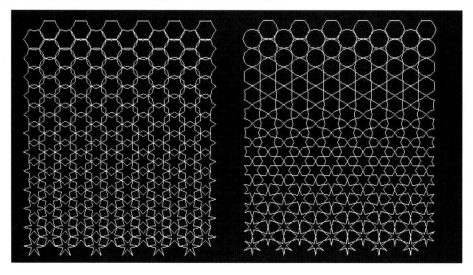

2.10　数据筛选

在实际建模过程中，有些数据是我们不想要的，需要从数据集中筛选出来，这个过程叫做数据筛选。

1. 按面积过滤图形

下图所示 voronoi 图形经过中心缩放以后，出现了许多很小的图形，如何过滤掉面积较小的图形呢？也就是如何筛选出符合面积要求的图形。

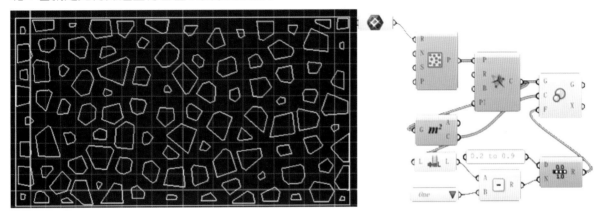

上图为中心缩放后的图形。下图为筛选后，进行整体封面。可以看到，面积小于 0.2 的图形都被过滤掉了，面积符合要求的图形参与整体封面。

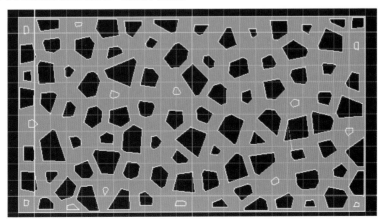

程序全图如下图所示。

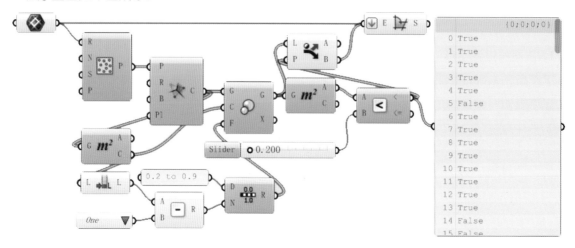

2. 按范围筛选点

如下图所示，通过筛选内部点，得到没有规则边界的 3Dvoronoi cell。正常的 3Dvoronoi 在生成模型后是有明确的一个方盒边界的，而位于内部的点生成的 voronoi cell 是没有边界的。

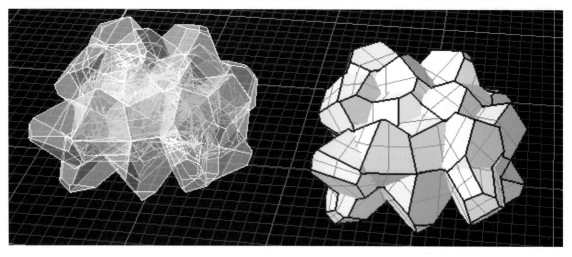

程序全图如下图所示。

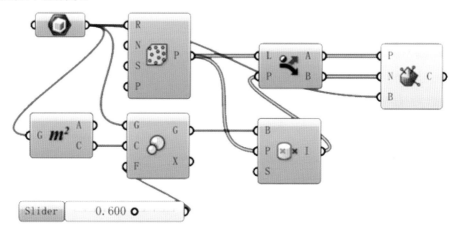

2.11　密度渐变

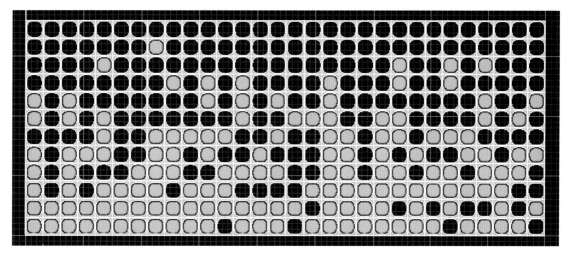

如上图所示，蓝点数量从上到下逐渐增多，并具有随机性。

运用随机删除运算器 Random Reduce，按照从下到上逐行增多的规律进行删除，注意等差数列树形数据的转化以及数据关联性。

程序全图如下图所示。

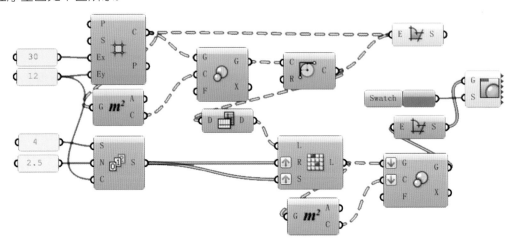

2.12 均匀球面三角网格

均匀球面三角网格的生成方法有多种，利用 Weavebird 自带的运算器配合曲面最近点运算器，以及网格部分运算器为最简便方法。生成的网格线（line）为近似长度线段，并非相等长度。该程序可以控制细分的次数，但是不能任意调整网格面的数量，因为网格面数量是成倍增加的。

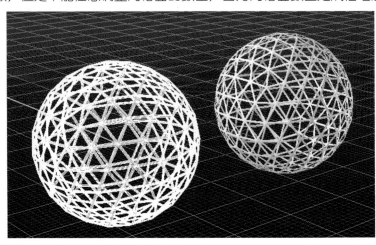

程序全图如下图所示。

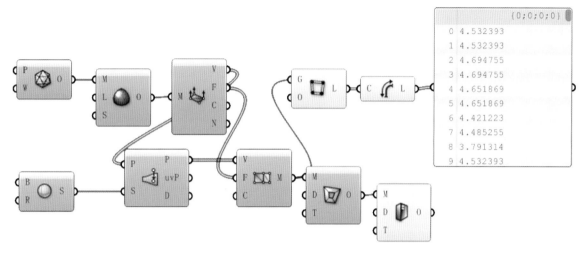

其他方法，比如立方体网格（mesh box）通过每个网格面挤出成锥形，再执行上述程序，也可以得到均匀球面三角网格，方法大同小异，得到的网格面数量不同。

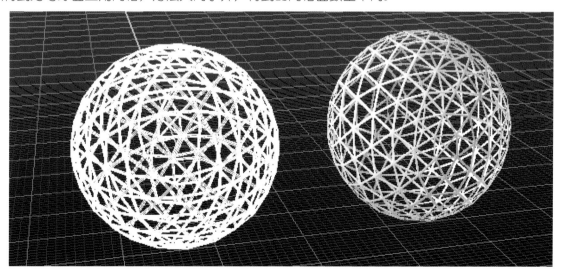

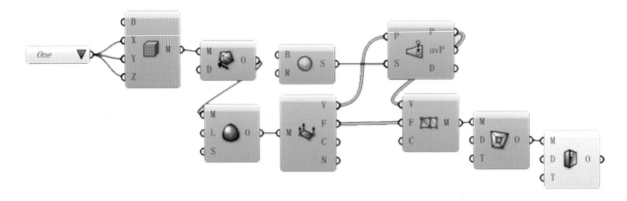

2.13　随机流动

除了有规律的数据干扰，如曲线干扰、点干扰等，还有随机变化的图形。本案例介绍单向随机流动建模思路，双向随机流动可作为思考题研究学习。

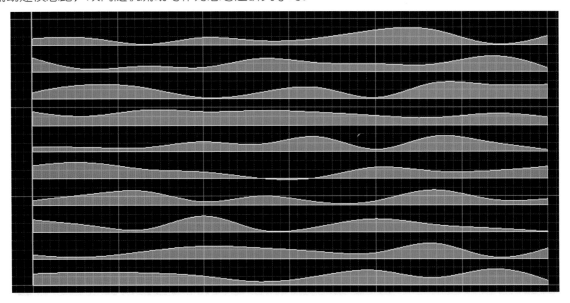

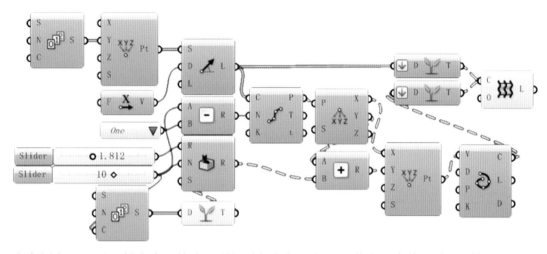

本案例中通过对 x 轴方向上的线段进行随机数据干扰，即将每个点的 y 坐标增加随机值，然后再和原曲线进行放样操作，注意用输入端拍平的 Graft 运算器统一路径。

本程序中出现了较为复杂的数据运算，即多个数据成组的树形数据，不是一一对应的关系，是树形数据多对多的运算，即每个组内的多个数据一一对应运算，初学仅作了解即可。

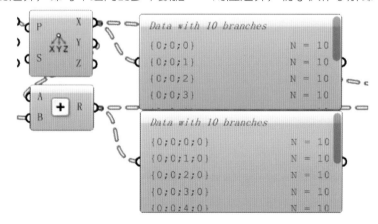

2.14　网格着色

在作地形分析的时候，经常会根据地形的高度变化对网格进行着色，如下图所示。

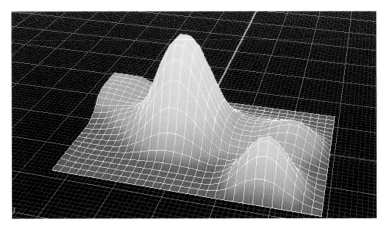

程序全图如下图所示。

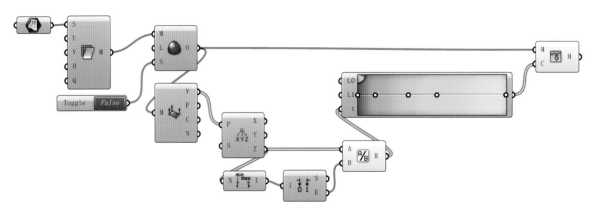

　　地形网格着色是以顶点（vertices）的 z 坐标数值大小为依据，用渐变色运算器 Gradiant（Params 菜单）对颜色区间进行取色，相同高度（即 z 值）的点颜色一致，最后形成整体渐变颜色的网格。默认颜色区间为 0 to 1，所以需要将 z 坐标区间转化为 0 to 1 区间的数列。

2.15　关于函数设置

　　Grasshopper 中除了在运算器右击，在 Expression 中设置函数以外，还可以在 Expression Editor 中进行设置。

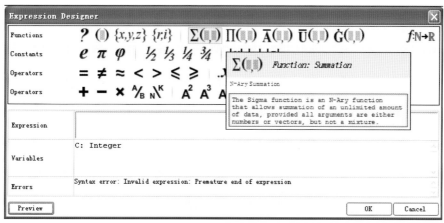

注意上图右上角的 $f:\mathbb{N}\rightarrow\mathbb{R}$ 提示，还可以打开自带函数集，如下图所示。

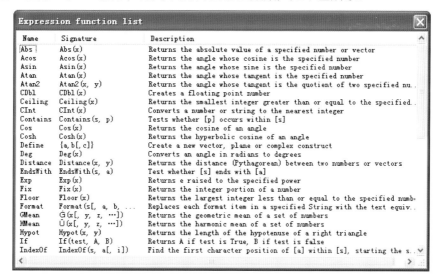

可以先作了解，读懂各函数的用法。

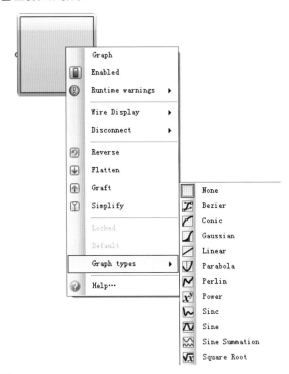

Graphmapper 运算器 中自带了一些曲线函数，同样可通过右击设定。

并通过影响点的坐标来生成函数曲线，通过拖动 Graphmapper 中的曲线周期调整曲线的波动频率；双击 Graphmapper 可以设定 y 值——波动的上限和下限，即极值。

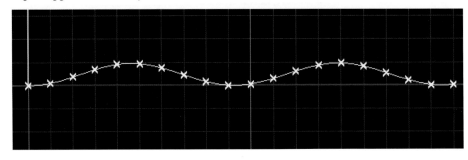

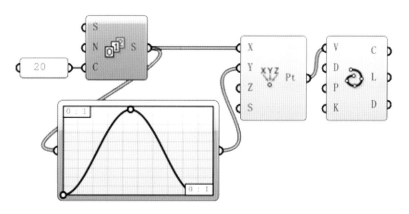

下图为 Graphmapper 干扰景观护栏。

2.16　放样 Loft 运算器 O 端选项 Options 设置

在 Rhino 系统中执行放样 Loft 命令时，会弹出选项对话框，如下图左所示。

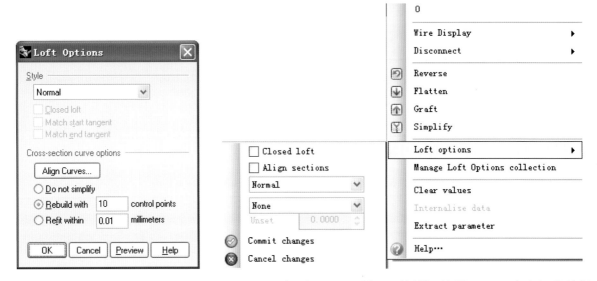

在 Grasshopper 中通过右键设置 Loft 的 O 端，如上图右所示。放样运算器 Loft 配有专门的放样选项运算器 Loft Options，如下图所示。

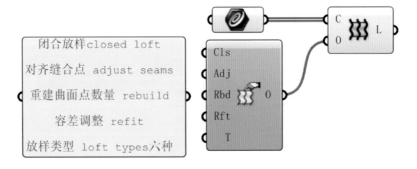

在 6 种放样方式中常用的有 3 种，也是区别较大的 3 种。

（1）normal：穿越式，即放样曲面必须经过放样曲线（curve）。

（2）loose：柔和放样，即结合曲线控制点进行放样，得到的曲面较为柔和。

（3）straight：平直放样，即放样曲面在每两条放样曲线之间只有两组控制点，分别位于该两条放样曲线上，这样生成的曲面通常是不连续的（仅有两条曲线的放样除外）。

下图为三者生成模型的比较。

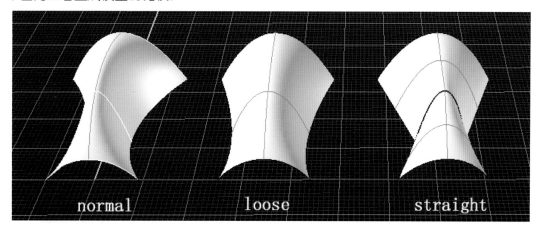

下图所示为不闭合放样（左）与闭合放样（右）。

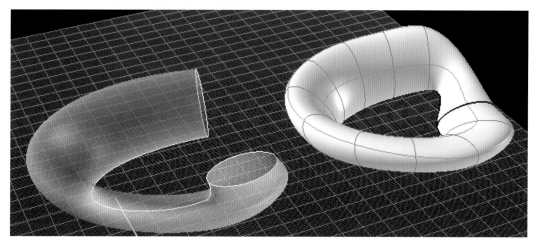

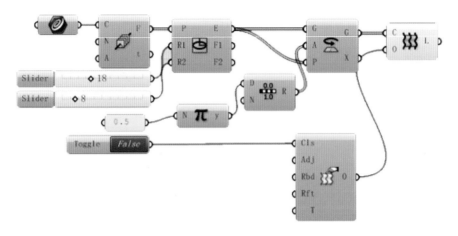

而 align sections 选项仅在放样曲线需要对齐接缝线时选择，一般情况下不常用。

2.17 字符相关操作

英文字符运算器可以在 Sets 菜单下找到 Sequence 运算器，默认生成 10 个连续英文字母。

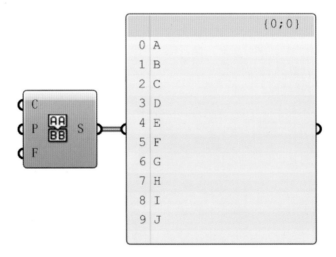

在 String 子菜单下有关于字符串编辑功能的运算器。

比较容易理解的如下图所示。

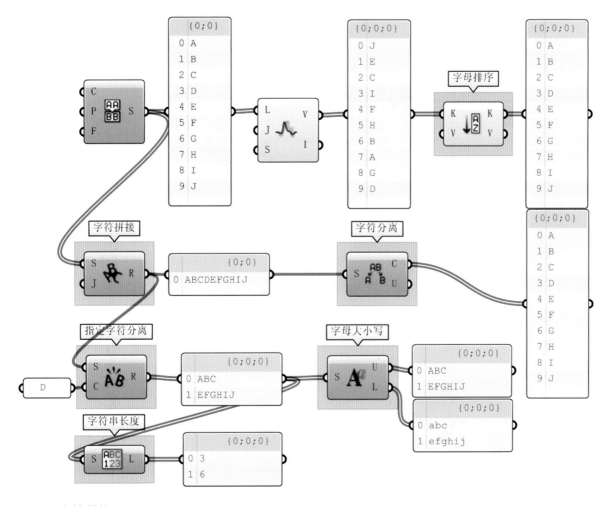

1. 字符替换 String Replace

如下图所示，将正方形矩阵的输出数据中的 Rectangle 替换为"矩形"。

trimmed surface 在 bake 到犀牛空间后，有可能被封口(untrim)

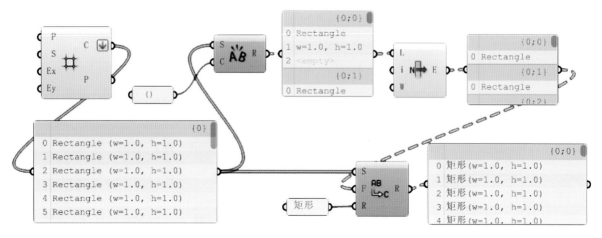

首先需要将该数据字符串按指定位置分离，取出起始项 Rectangle，注意指定字符位置被删掉了，然后用字符替换运算器替换为"矩形"。

2. 字符串联 Concatenate

如下图所示，将立方体的 8 个顶点取出后，分别以顶点 A、顶点 B、…进行标示。

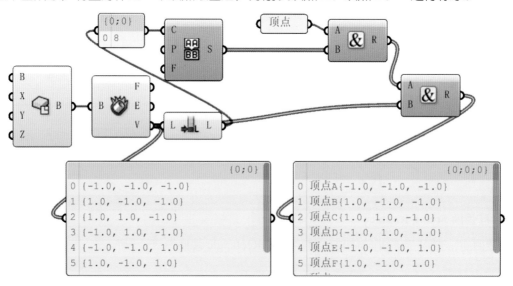

2.18　集合运算

　　Set 菜单下浅绿部分运算器均为集合运算器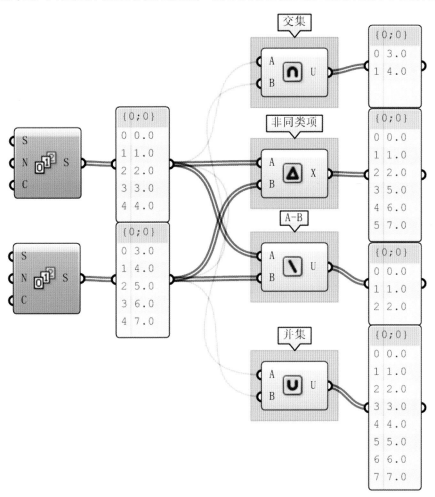。前面章节已经介绍过 Create Set 运算器的用法，即合并同类项。其他运算器相对较为抽象，相对较为容易理解的运算器如下图所示。

1. 多数项 Majority

如下图所示，取出 3 个集合中的多数项，可概括为出现 2 次或 2 次以上的项。

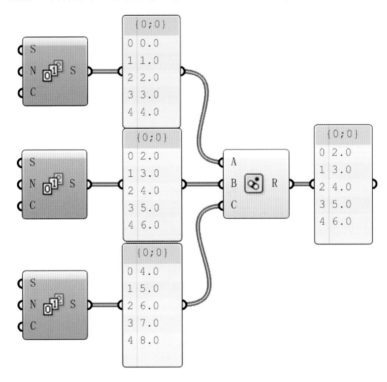

2. 集合判定

（1）判定两个集合是否有交集

Disjoint 运算器的输出结果为 False，说明两个集合存在交集；反之，输出为 True，则说明没有交集。

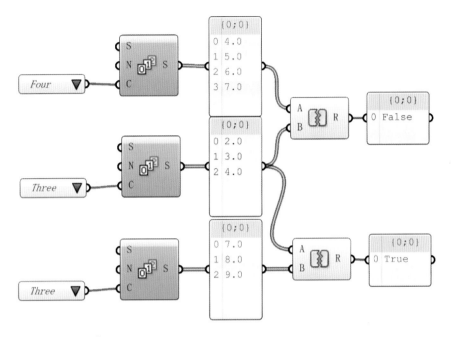

（2）判定集合是否相包含

集合包含判定运算器 Subset 对 A 端和 B 端要求较严格，判定的是 A 端集合是否包含 B 端集合，如果输入端对调，则结果相反。

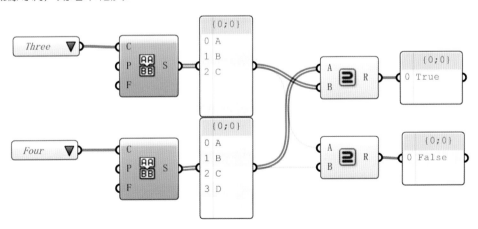

3. 关于笛卡儿积 Cartesian Product

下图所示为等量笛卡儿积运算，如果 A 与 B 端数量不一致，则会报错。

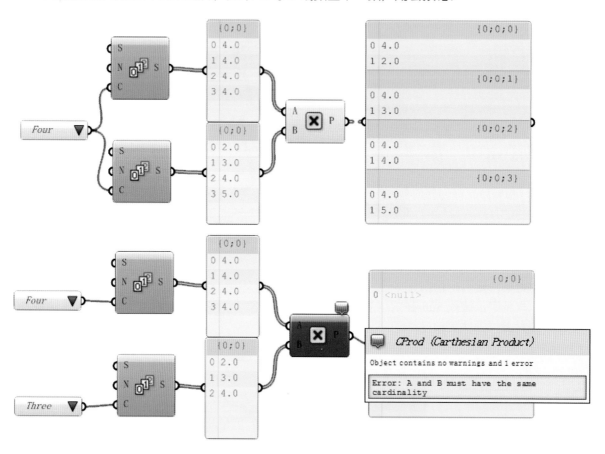

相关阅读: 笛卡儿积定义

设 A、B 为集合,用 A 中元素为第一元素、B 中元素为第二元素构成的有序对,所有这样的有序对组成的集合叫做 A 与 B 的笛卡儿积,记作 $A \times B$。

笛卡儿积的符号化为:

$A \times B = \{<x,y>|x \in A \wedge y \in B\}$

例如,$A=\{a,b\}$,$B=\{0,1,2\}$,则

$A \times B = \{<a,0>,<a,1>,<a,2>,<b,0>,<b,1>,<b,2>,\}$

$B \times A = \{<0,a>,<0,b>,<1,a>,<1,b>,<2,a>,<2,b>\}$

笛卡儿积的运算性质如下:

(1) 对任意集合 A,根据定义有

$A \times \varnothing = \varnothing$,$\varnothing \times A = \varnothing$

(2) 一般来说,笛卡儿积运算不满足交换律,即

$A \times B \neq B \times A$,$A \neq \varnothing \wedge B \neq \varnothing \wedge A \neq B$

(3) 笛卡儿积运算不满足结合律,即

$(A \times B) \times C \neq A \times (B \times C)$,$A \neq \varnothing \wedge B \neq \varnothing \wedge C \neq \varnothing$

(4) 笛卡儿积运算对并和交运算满足分配律,即

$A \times (B \cup C) = (A \times B) \cup (A \times C)$

$(B \cup C) \times A = (B \times A) \cup (C \times A)$

$A \times (B \cap C) = (A \times B) \cap (A \times C)$

$(B \cap C) \times A = (B \times A) \cap (C \times A)$

4. 集合同类项替代 Replace Members

对于有重叠项的集合来说，Replace Members 运算器可以一次性替换所有同类项。如下图所示，所有内容为 A 的项均被替换为空值 null。

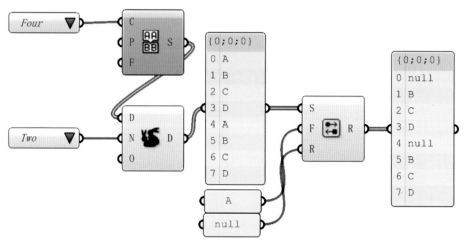

5. 查找同类项 Members Index

如下图所示，查找同类项运算器可以在一个集合中查找出 A 值所在项的序号以及出现的次数。

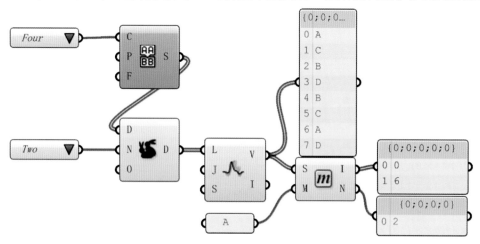

2.19　树形数据操作

下面以测试平面度（planarity）为例，了解关于树形数据 tree 操作的基本内容。

清理树形数据运算器 Clean Tree🍒将三角嵌面后产生的空值剔除，最后将三角面输入给 lunchbox 的平面度分析运算器 Flatness Check，D 端输出偏离值 deviation，虽然是三角嵌面，但是仍然是曲面（输出为 0 为平面）；而四边形嵌面的角点在经过简化路径 Simplify Tree🌴、数据转向 Flip Matrix⬜、炸开树形数据 Explode Tree🌴操作后，用 kangaroo 自带的测试四点共面运算器 Planarity 进行测试，则是共面的（输出为 0，该运算器仅测试 4 个点，对 3 个点判定会出现误差），虽然四边形嵌面是 nurbs 曲面，不是平面的，但是 4 个角点是共面的。具有 4 个角点的 nurbs 曲面有无数个。

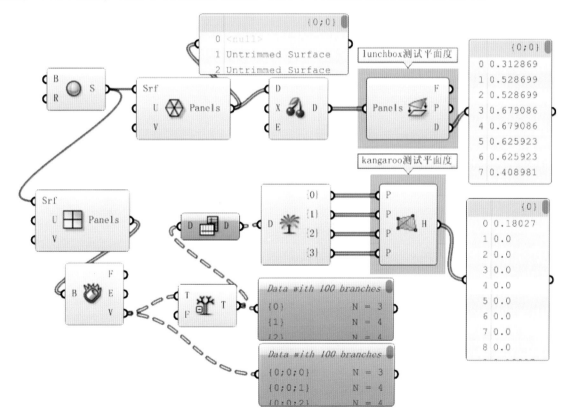

169

2.20 关于曲线简化的几种方式

Curve 菜单下的 Util 子菜单的最后几个运算器均为简化曲线运算器。

1. 增大公差简化曲线 FitCrv

如下图所示，左侧为原曲线，右侧为简化后曲线。增大公差，即将临近的控制点合并，相邻控制点距离不能超过 5.506，达到减少控制点的目的。

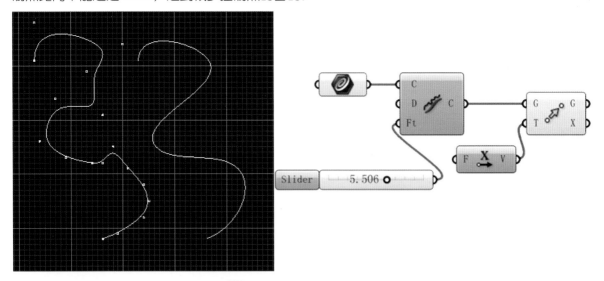

2. 多段线简化 Polyline Collapse

如下图所示，左侧为原多段线，右侧为简化后多段线。设置一个公差 t 值，可以将距离小于 t 的控制点合并为一个平均点。

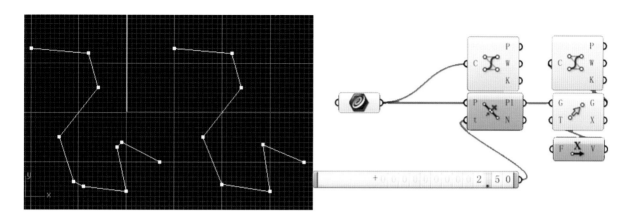

3. 通过重建曲线进行简化曲线 Rebuild

如下图所示，左侧为原曲线，右侧为简化后曲线。将控制点较为复杂的曲线重建为仅具有少量控制点的曲线，使曲线更加圆滑。

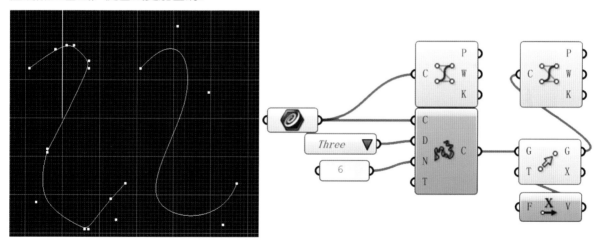

4. 通过减少控制点简化多段线 Reduce

如下图所示，左侧为原多段线，右侧为简化后多段线。通过减少相邻 T 值范围内的一个控制点达到简化多段线的目的。该方法与 Polyline Collapse 相似，但是 Reduce 不改变控制点的位置，而 Polyline Collapse 将两个点取平均位置。

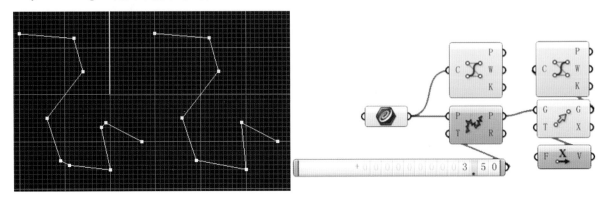

5. 通过删除共线的或近似共线的多余控制点简化曲线 Simplify Curve

如下图所示，下为原曲线，上为简化后曲线。默认删除方式可以将共线的多余控制点删除。

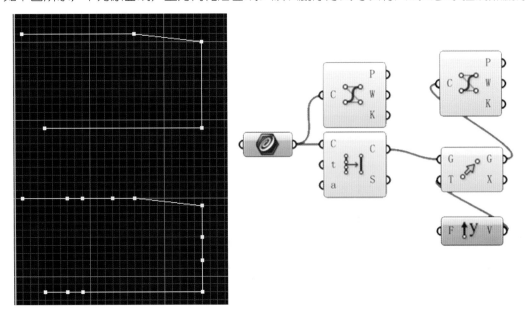

6. 柔化多段线 Smooth Polyline

如下图所示，左侧为原曲线，右侧为简化后曲线。S 值为柔化强度，T 值为循环次数。

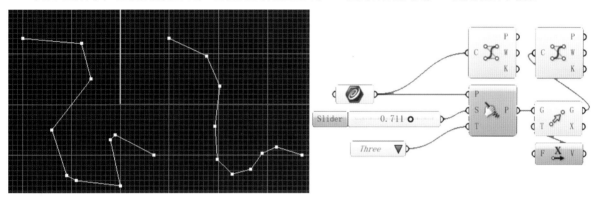

循环次数越多，多段线越圆滑。下图中间多段线为循环两次的柔化结果，右侧多段线为柔化 4 次的结果。

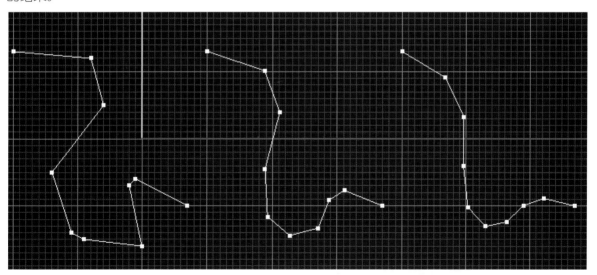

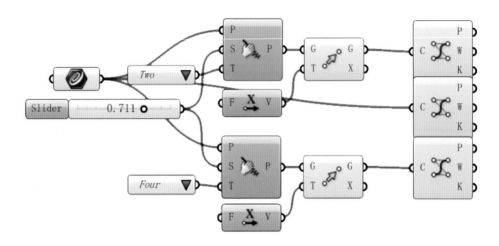

2.21 圆的生成方法

在 Curve 菜单的 Primitive 子菜单下有若干关于圆、圆弧的生成的运算器，这些运算器从图标即可区分生成逻辑，在此简要举例介绍。

1. 通过圆心、法向、半径确定圆

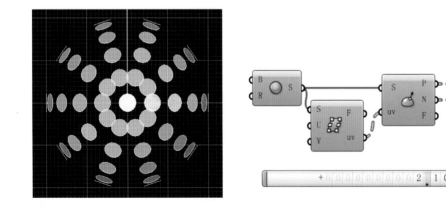

2. 通过 3 点确定圆

如下图所示，对于三角形的 3 个顶点来说，用 3 点成圆 Circle 3Pt 与最适圆 Fit Circle 生成的圆是一样的。

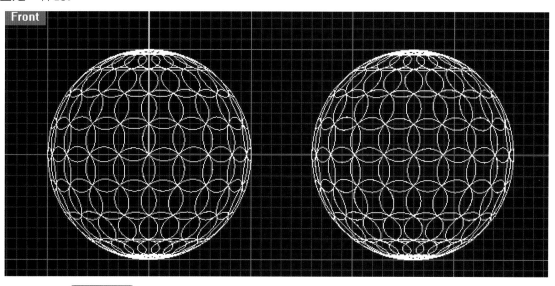

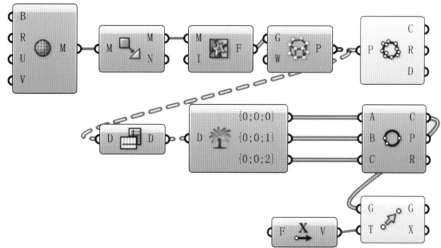

3. 三角形内切圆

仍然以三角形为例，3 个点可以生成 2.21 标题 2 中的外接圆，也可以生成内切圆。

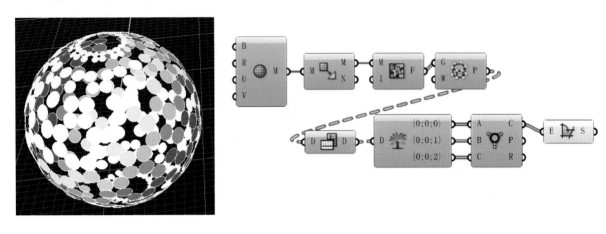

4. 外切圆的生成

如下图所示，以此生成两个圆的公切圆和 3 个圆的公切圆，导引点（guide point）可以灵活设置。

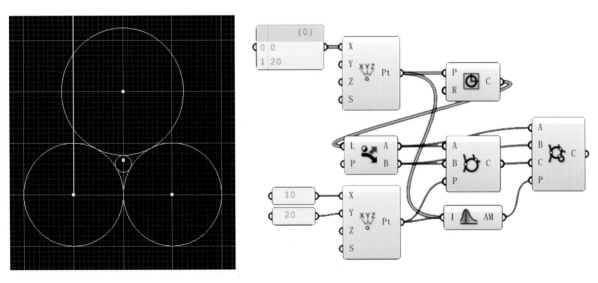

2.22　关于布尔值 Boolean 叠加运算

Math 菜单的一个子菜单 Boolean 是关于 True 和 False 的取舍运算。

1. "与门" **Gate And**

如下图所示，"与门" Gate And 运算器的运算法则是，只要输入端出现 False，结果即为 False；或必须两者同时为 True，结果才为 True。

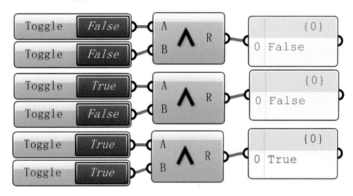

2. "非门" **Gate Or**

与 "与门" 相反，只有输入端同时为 False 时，才输出 False；只要有一个输入端为 True，结果即为 True。

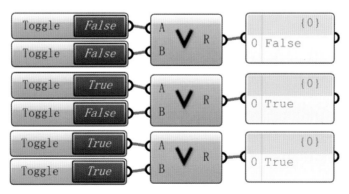

3. "反门" Gate Not

即将输入端的布尔值切换为相反门。

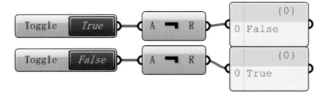

4. "同门" Gate Xnor

即相同的布尔值叠加均输出为 True，不同则为 False。

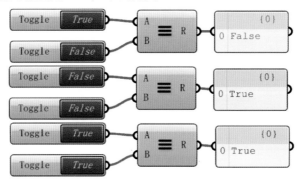

5. "非同门" Gate Xor

与上述"同门"相反，"非同门"Gate Xor 仅对不同的输入端输出为 True，相同的输入端输出为 False。

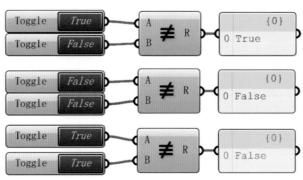

6. "非与门" **Gate Nand**

即 "与门" Gate And 的相反门。

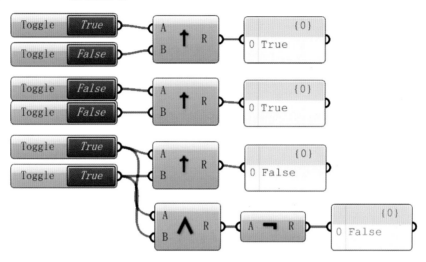

7. "非非门" **Gate Nor**

即 "非门" Gate Or 的相反门。

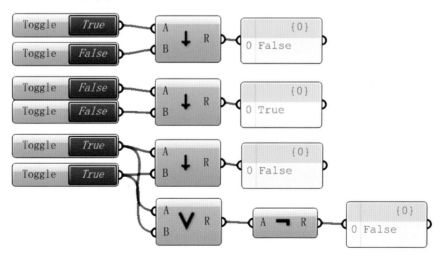

8. 关于 3 个布尔值的取舍，即三元门运算

（1）"三元与门" Gate and Ternary

该运算器仅针对 3 个 True 输出为 True，只要输入端有一个 False，结果即为 False。

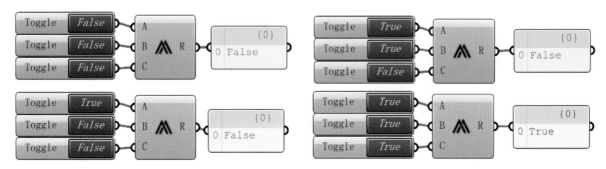

（2）"多数门" Gate Majority

即取占多数的门，输出占有两个或以上的输入端的门。

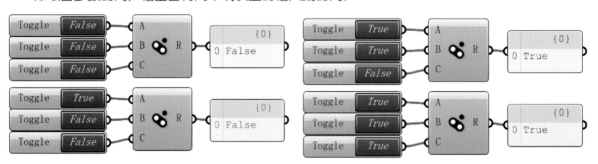

2.23　关于网格柔化模型

如下图所示，有些用网格拓扑编辑的模型在 Nurbs 操作中是很难实现的。

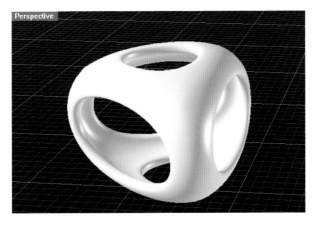

其特点是没有直线或直角边缘，多有镂空效果，此类模型一般可以概括为下列步骤，即由左向右。

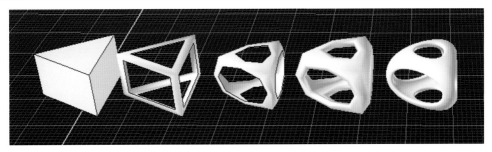

程序全图如图所示。

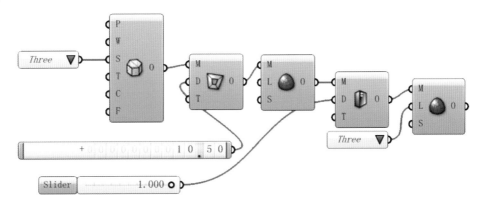

选 学 内 容

Grasshopper 晋级提升部分的内容主要涵盖了较为常见的一些建模思路，而一些较为复杂和抽象的课题有待探索和研究，例如利用 Grasshopper 实现分形（fractal）和元胞自动机(cellular automaton)。

例 1　分形

分形属于循环运算，借助 Grasshopper 的插件 Hoopsnake 可以将运算过程简化，当然，在循环次数不是很多的情况下，通过复制运算过程进行循环也是可以的。

以下案例为谢尔宾斯三角分形。

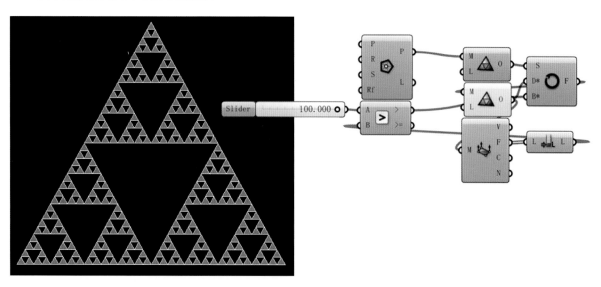

下图为迭代运算，即每次取出立方体的外侧顶点，继续生成小立方体，不断向外生长。

请思考下图随机分形如何用 Grasshopper 实现（采用复制运算即可）。

提示：可以采用 Lunchbox 中的正方形嵌面插件，较为简便。

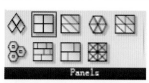

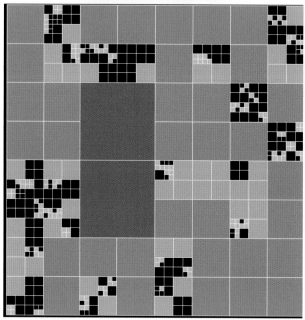

相关阅读：分形

分形具有以非整数维形式充填空间的形态特征。1973 年，曼德布罗特（B.B.Mandelbrot）在法兰西学院讲课时，首次提出了分维和分形几何的设想。"分形（fractal）"一词，是曼德布罗特创造出来的，其原意具有不规则、支离破碎等意义。分形几何学是一门以不规则几何形态为研究对象的几何学。由于不规则现象在自然界普遍存在，因此分形几何学又被称为描述大自然的几何学。分形几何学建立以后，很快就引起了各个学科领域的关注。不仅在理论上，而且在实用上，分形几何都具有重要价值。

例 2　元胞自动机——蚂蚁规则

　　蚂蚁规则即蚂蚁在方形网格上运动，格位为白色或黑色，当蚂蚁进入白色元胞时，它向左转 90°并把该元胞涂成黑色；类似地，如果蚂蚁进入黑色元胞，它向右转 90°并将该元胞涂成白色。下图为模拟过程，由初始元胞模拟行走至 3000 步的过程。

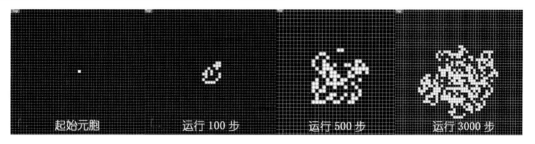

　　该程序算法较为复杂，但方法可以有多种，具有一定的探索和研究的空间。

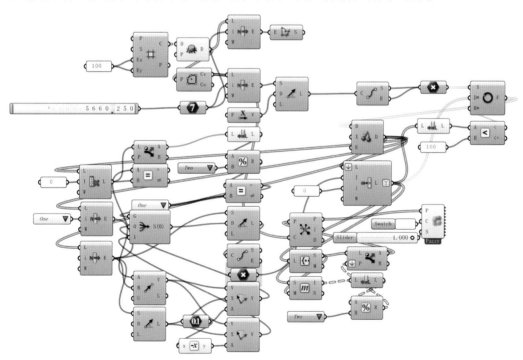

相关阅读：元胞自动机

英文名称：cellular automaton。

定义：一种利用简单编码与仿细胞繁殖机制的非数值算法空间分析模式。

应用学科：地理学（一级学科）；数量地理学（二级学科）。

不同于一般的动力学模型，元胞自动机不是由严格定义的物理方程或函数确定，而是用一系列模型构造的规则构成。凡是满足这些规则的模型都可以算作是元胞自动机模型。因此，元胞自动机是一类模型的总称，或者说是一个方法框架。其特点是时间、空间、状态都离散，每个变量只取有限多个状态，且其状态改变的规则在时间和空间上都是局部的。

元胞自动机的构建没有固定的数学公式，构成方式繁杂，变种很多，行为复杂。故其分类难度也较大，自元胞自动机产生以来，对于元胞自动机分类的研究就是元胞自动机的一个重要的研究课题和核心理论。基于不同的出发点，元胞自动机可有多种分类，其中，最具影响力的当属 S.Wolfram 在 20 世纪 80 年代初做的基于动力学行为的元胞自动机分类，而基于维数的元胞自动机分类也是最简单和最常用的划分。除此之外，1990 年，Howard A.Gutowitz 提出了基于元胞自动机行为的马尔可夫概率量测的层次化、参量化的分类体系。下面就上述的两种分类作进一步的介绍。同时就几种特殊类型的元胞自动机进行介绍和探讨。S.Wolfram 在详细分析研究了一维元胞自动机的演化行为，并在大量的计算机实验的基础上，将所有元胞自动机的动力学行为归纳为 4 大类：

（1）平稳型：自任何初始状态开始，经过一定时间运行后，元胞空间趋于一个空间平稳的构形。所谓空间平稳即指每一个元胞处于固定状态，不随时间变化而变化。

（2）周期型：经过一定时间运行后，元胞空间趋于一系列简单的固定结构（stable patterns）或周期结构（periodical patterns）。由于这些结构可看作是一种滤波器（filter），故可应用到图像处理的研究中。

（3）混沌型：自任何初始状态开始，经过一定时间运行后，元胞自动机表现出混沌的非周期行为，所生成的结构的统计特征不再变化，通常表现为分形分维特征。

（4）复杂型：出现复杂的局部结构，或者说是局部的混沌，其中有些会不断地传播。

Grasshopper 的其他插件，往往是专门针对一个专项课题而设计的，所以需要具备某些专业的理论知识。如与动画有关的袋鼠 Kangaroo 插件。

（1）与物理动画有关的袋鼠 Kangaroo 插件

（2）蜻蜓 SPM 插件

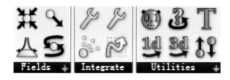

（3）Weavebird 插件

（4）Lunchbox 插件

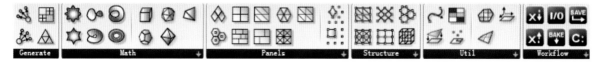

（5）与网格拓扑优化插件 Starling 插件

（6）与 SQL 数据库有关的 Slingshot 插件

（7）与日照有关的 Helitrope 插件

（8）与磁场线有关的 Flowlines 插件

犀牛插件官方网站 www.food4rhino.com，包含各种 Rhino 插件以及 Grasshopper 插件。

第 3 章

Grasshopper 常见问题 50 例

　　在作者近年的网络教学和研究中，面对学员的各种问题，主要是初学提问次数比较多以及初学容易碰到的问题，如安装问题、兼容性问题、显示问题、运算器报错、数据结构等热门问题，本书有针对性地作出总结。本章节部分图片均直接摘自学犀牛网校 Grasshopper 课程答疑区。

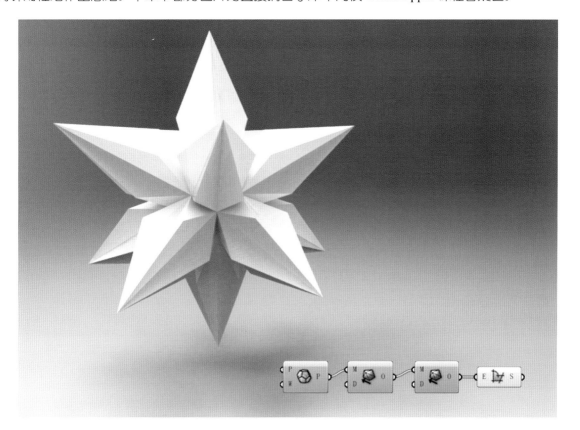

1. Grasshopper 安装后弹出如下对话框是什么原因？

答：需安装两个补丁：Netframework 3.5（或更高版本）与 Vcredist_x86.exe。
也可以登录以下网址下载 http://www.xuexiniu.com/thread-30126-1-1.html。

2. 以 2013 年 1 月为当前时间，当前犀牛软件最稳定的系统和兼容性最好的软件有哪些？
答：32 位系统（XP）Rhino 4.0 SR9、Grasshopper 0.9.0006、Weavebird 0.7 等。

3. 较早版本里的隐藏和 Bake 等工具条在哪里显示？

答：鼠标中键或空格键调出。

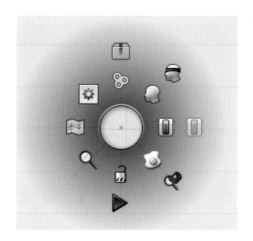

部分功能键简介：

右为将运算器暂时失效，左为将失效的运算器重新启动。

从图标即可推断，右上角为隐藏运算器所生成的模型，左下角为显示被隐藏的模型。

烘焙 Bake 功能，即将选中的运算器模型生成到 Rhino 空间。

运算器成组功能，Ctrl+G 也可以实现，成组后右击组，可设置组名称、颜色和透明度，双击组可以改变组的形状。

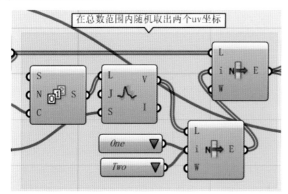

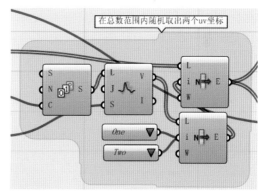

为个性化设置，可以将个人喜欢的显示模式、字体等显示属性永久保存，即开启 Grasshopper 就按个性化设置进行显示，无需反复设置。

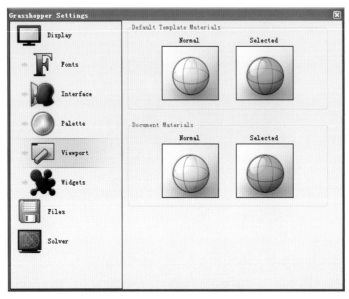

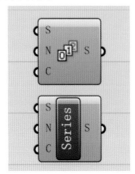为锁定工作区功能，即在运算量较大时，需要调整参数，为避免连续卡机的状态，需要停止全部工作区的功能，即锁定，然后调整完参数后再解锁，会减少不必要的运算时间。

为打包 Cluster 功能，即将固定功能的一组运算器做成一个工具包，可以简化程序界面，也可以存储到 Userobject 文件夹，作为自制运算器使用，在 Grasshopper 的 User 菜单下可以调出，右击可以选择 Edit Cluster 对工具包进行编辑。

4. 运算器的英文显示和图标显示如何切换？

答：Display→Draw Icons，可以全部切换。

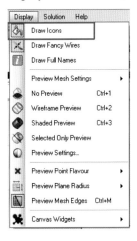

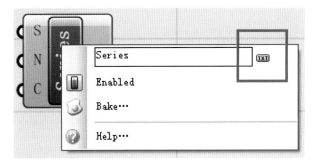

右击运算器可以单独切换

5. Grasshopper 的组件 gha 文件和 ghuser 文件各自保存在什么路径？

答：gha 文件保存于 Component 文件夹，ghuser 文件保存于 User Object 文件夹。

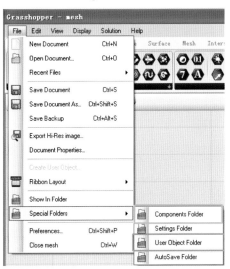

6. 如何删除重复的点和数字？

答：删除重复数据属于集合运算，在 Sets 菜单 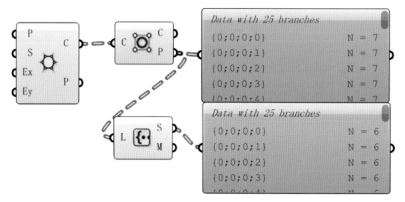，合并同类项 Create Set 运算器 具有此功能。

提取六边形矩阵的控制点，会产生首尾重合的两个点，Create Set 可删除其中一个重复点。下图为删除重复数字。

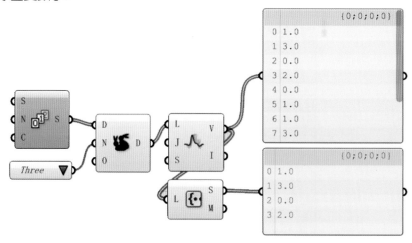

7. 为什么有时 Grasshopper 无法执行烘焙？

答：当 Rhino 中有命令未执行完的情况下，Grasshopper 是无法进行烘焙的。

8. 如何删除以下数据中的第 6～11 项？

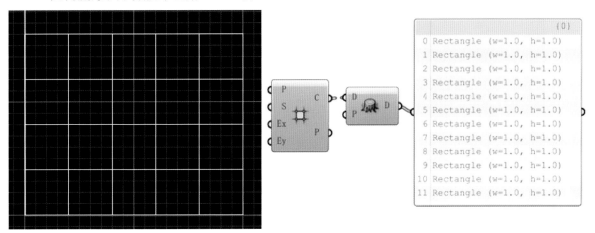

答：用按序号删除运算器 Cull Index，删除一个 5～10 的等差数列项即可。

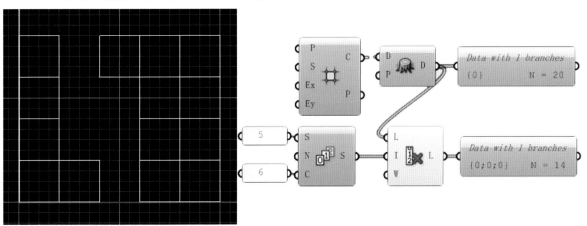

9. 如何剔除数据中的第 3、6、9 等 3 的整数倍项？

答：Sets 菜单下的等间距剔除 Cull Nth 运算器可以每隔两项剔除一项。

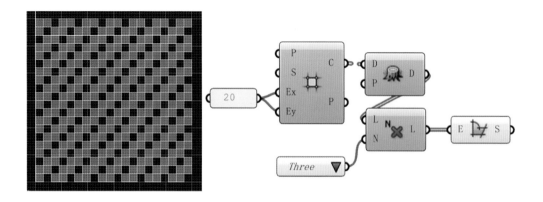

10. 为什么 Loft 运算器总是报错？

答：Loft 运算器对数据结构的要求非常严格：①每组放样的数据不能少于一个；②每组数据的路径级数应完全相同，如{0；1}对{0；1}，如果是{0；1}对{0；0；1}则会报错；③放样的每组数据应为一一对应关系。

11. 如何删除相同的线段？

答：安装袋鼠插件 Kangaroo，插件中自带删除相同线段的插件 Remove Duplicated Lines。

12. 下图中 Extrude 运算器为什么变红？

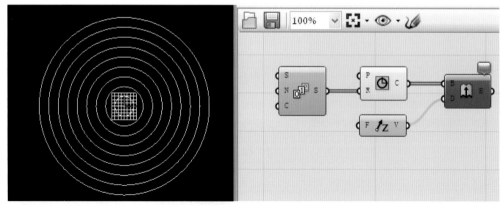

答：等差数列运算器 S 端初始值为 0，而半径为 0 的圆是无效的 (invalid circle)，因而无法 Extrude。

13. 如何统一路径并一一对应？

答：多数同学在初学中都会遇到放样运算器 Loft 变红的情况，原因就是 Loft 运算器对输入端的路径要求非常严格，需要放样的两组数据路径完全一致。如果用 Pathmapper，需要手动调整，很不方便，有没有一种通用的方法让任意路径的两组曲线路径完全统一呢？

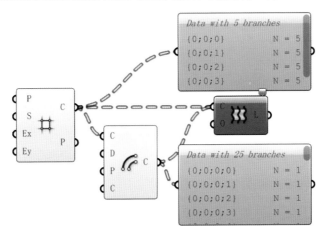

用两个输入端拍平的 Graft 运算器，就可以将任意路径的树形数据均统一为完全相同的二级路径，这是一种普遍性的方法。

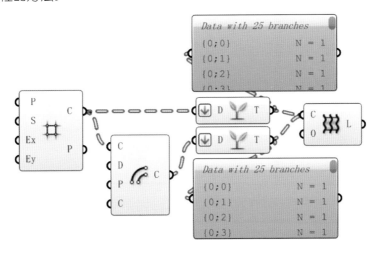

14. 有些 Trimmed Surface 在操作中会被还原为 Untrimmed Surface，如何解决？

答：以圆和空心矩阵为例，根据具体情况采取相应处理方法。

（1）将一根半径线段绕中心轴线旋转一周成面，即可得到完整的圆面 Untrimmed Surface。

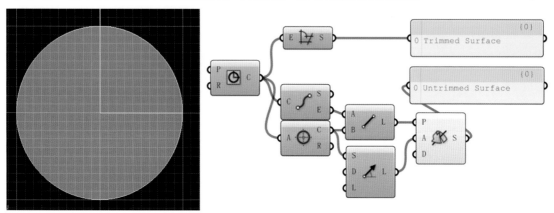

（2）空心矩阵在开孔时，如果得到的是被修剪曲面 Trimmed Surface，那么有可能在烘焙到犀牛空间的时候发生封面现象，这个问题在网校内被多次提问。

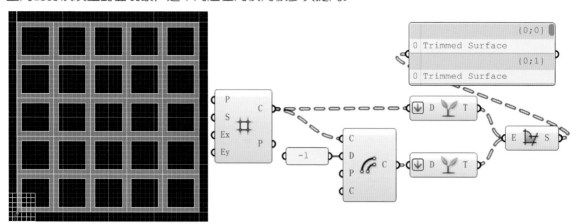

解决方法：用放样 Loft 形成稳定的曲面拓扑结构，即完整曲面 Untrimmed Surface。

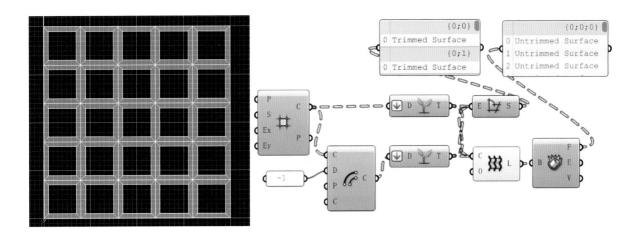

15. 如何输出一列数字的最大值与最小值？

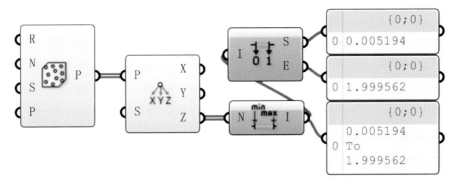

答：如上图所示，在空间随机点集中，查看 z 轴方向最低点和最高点的 z 坐标，可以采用数列生成区间，然后将区间两端的数值即极值分解出来即可。

16. 如何将多个数据按数量分组？
答：Sets 菜单的 Partition List 具有按指定数量将多个数据分组的功能。
该问题在网校内被多次提到，当前版本的 Grasshopper 0.9.0006 已经添加了该运算器。

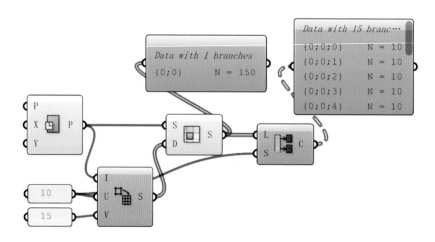

17. 如何将一个二级分支的树形数据简化为只有一级分支，即组内拍平？

答：在进行复杂数据操作时，经常用到路径映射 Pathmapper（Sets 菜单）进行调整数据结构。

对于一个路径显示来说，数据结构显示器 Param Viewer（Params 菜单）有如下两种方式：数字式与图形式，通过双击切换。如下图所示，六边形矩阵在炸开后，数据结构呈现二级分支，第一级有 5 个分支，第二级有 5 个分支，每个分支上有 6 个数据。如何将第二级分支取消呢？即如何将第二级树形数据在第一级组内拍平。

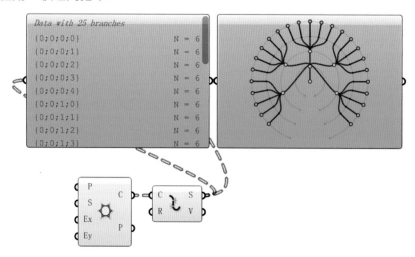

如下图所示，双击 Pathmapper，手动输入：左侧{a;b;c;d}，右侧{a;b;c}，即可让 d 级的分支取消。

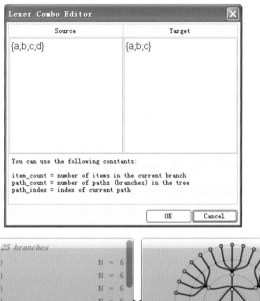

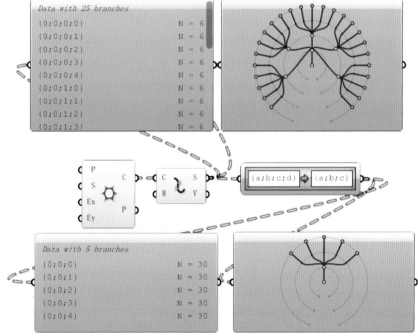

删除，也可以理解为取出剩下的

关于数据结构的学习是长期的，初学有很多困惑是很普遍的事情。

18. 如何找到两个圆的公切圆弧并合为一体？

答：第一步用 Tangent Arcs 运算器找出公切圆弧。

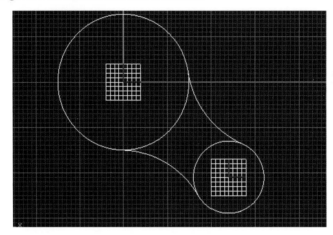

第二步，修剪掉多余部分。

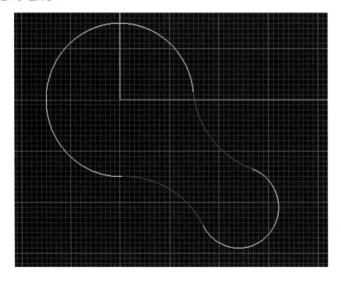

第三步，答案不只一个，多个数据可生成多个结果。

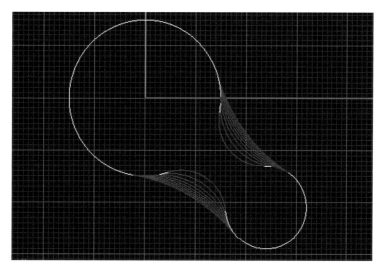

程序全图如下图所示。

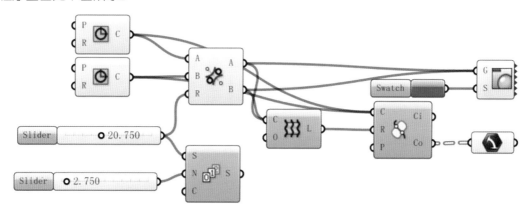

19. 如何在已知点处打断曲线？

　　答：首先用曲线最近点 Curve CP 找到该点对应曲线的参数 t 值，然后利用震断运算器 Shatter 将曲线打断。

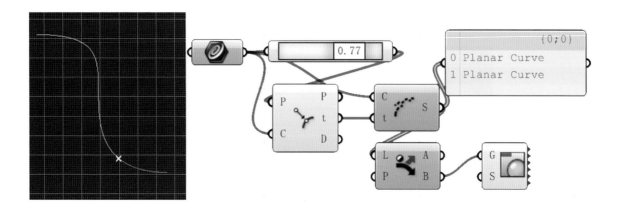

20. 如下图所示，如何实现 UV 双向均间隔的曲面细分？

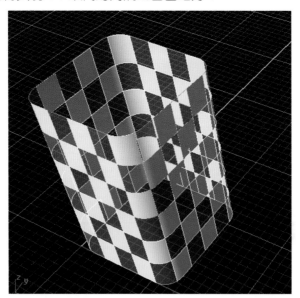

答：水平方向等分为 20，那么就按照 20 个 True、20 个 False 进行数据分流 Dispatch，达到竖向上的间隔；然后再进行水平方向上的数据分流，一共两次 Dispatch，得到所需结果。注意 UV 等分数量均为偶数。

程序全图如下图所示。

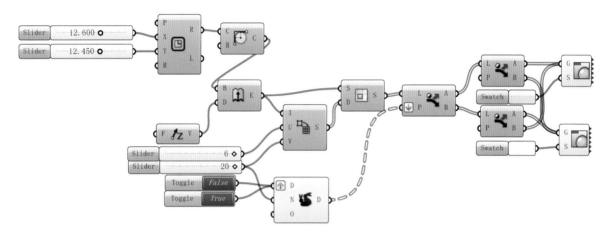

21. 将不均匀曲面用等分区间运算器 Divide Domain 配合细分曲面运算器 Isotrim 细分后的结果可以看到有明显的大小差异，如何得到近似面积相等的细分结果呢？

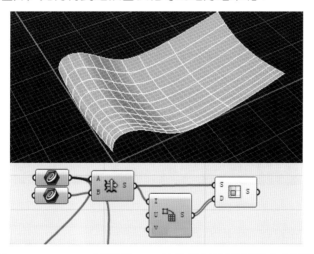

答：等分区间运算器 Divide Domain 不是按 UV 结构线长度进行等分曲面的，如果按长度等分，则需要退回到曲线阶段，先按长度等分 UV 结构线，再用剪切运算器 Split 将曲面细分为近似等大的曲面。

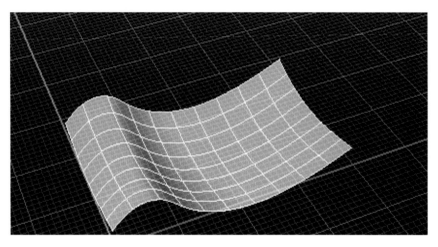

程序全图如下图所示。

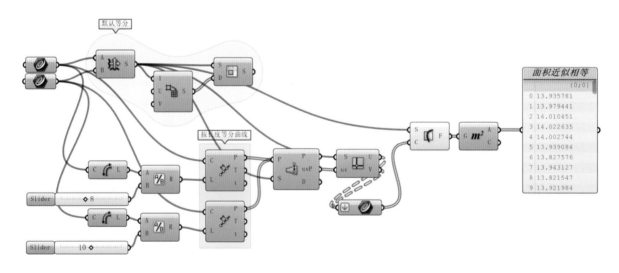

22. 如何取出树形数据的某一分支？

答：首先需要找到该分支的路径名称，然后利用树形数据分支运算器 Tree Branch 取出相应的分支即可。

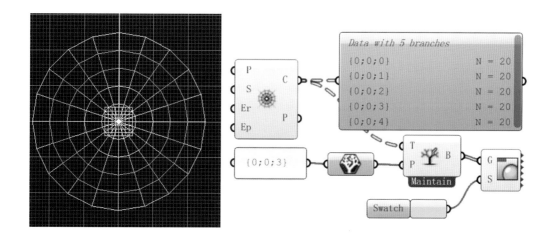

23. 为什么使用 UV 坐标得到的曲面上的线有乱线？

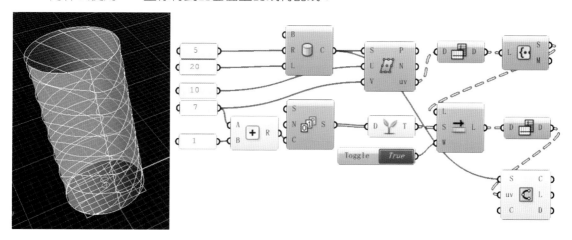

　　答：曲面的 UV 坐标是单向的，不能循环，所以对于闭合曲面来说，利用 UV 坐标得到的表面曲线是不能跨越缝合线的。

24. 如何作出逐渐消失的水波纹面？
　　答：逐渐消失，翻译为 Grasshopper 语言就是数据衰减为 0，这个逻辑可以用等差数列来表达。

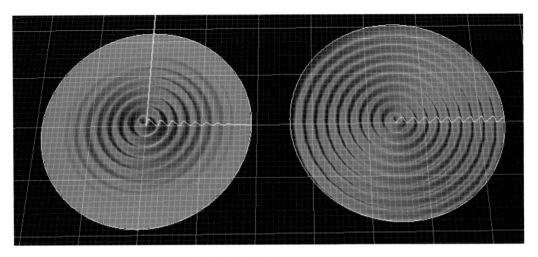

图示左为逐渐消失的波纹面，右为等高波纹面。

程序全图如下图所示。

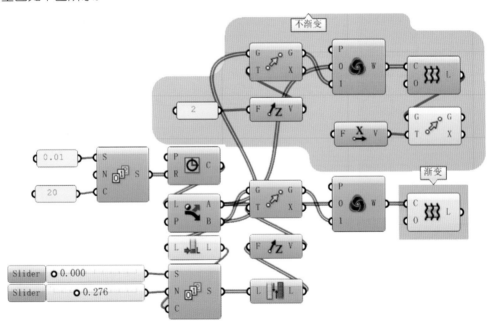

25. 如何对调曲面的 UV 方向？

答：在 Lunchbox 插件中找到 Reverse Surface Direction 运算器，R 端设为 3，即可对调曲面 UV 方向。

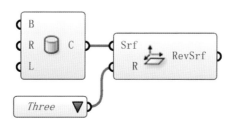

26. 如下图所示，如何作出一条 y 轴方向的直线，将曲面等面积分割为两部分？

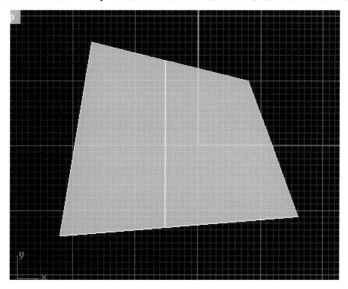

答：Params 菜单下 Util 子菜单里有一个 Galapagos 运算器，主要用于优化数据，也可以理解为解方程。即由特定的结果优化或计算出前端输入数据的数值。

左输入端 Genome 连接需要优化的数据，右输入端 Fitness 连接指定的结果。

程序全图如下图所示。

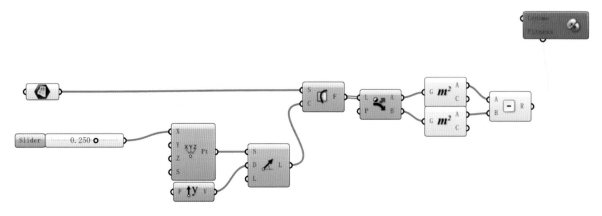

两部分曲面面积相等，翻译到 Grasshopper 语言即两者面积相减等于 0。在搭建好程序后，双击 Galapagos，将 Fitness 设置为 0。

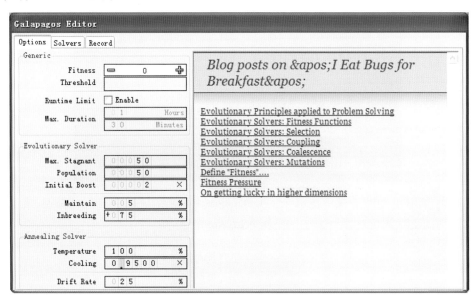

然后，到 Solvers 启动 Solver。

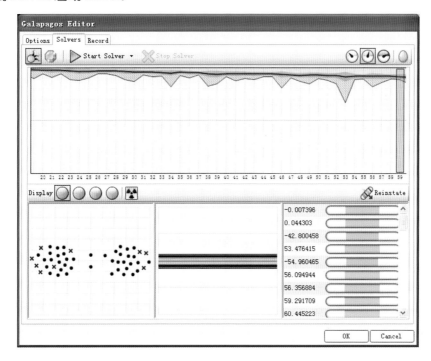

优化结束后 Solver 会自动停止，这时可以得到优化好的数据。

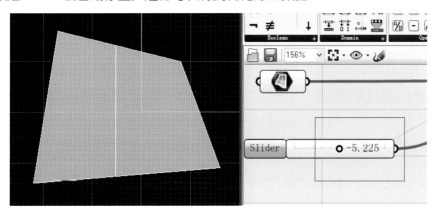

即在 x = −5.225 时，分割的两部分曲面面积相等。

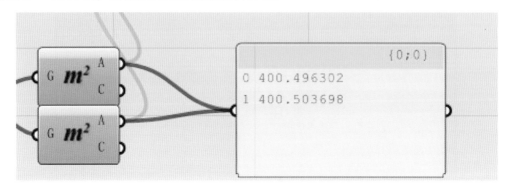

如图所示，面积仅相差 0.007，相对 400 的整数部分可以忽略不计。

27. 如何使缩放 Scale 后的图形不超出外框？

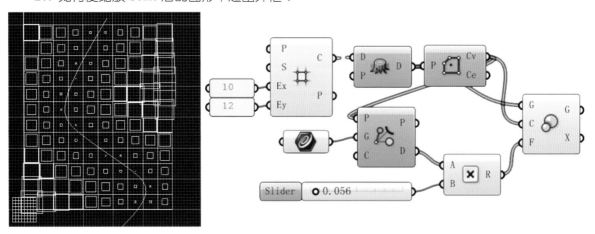

答：设定最大值运算器 Minimum（Math 菜单）可以控制最大值。该运算器在比较两者大小的时候，取最小值，即数列中的数字不能超出设定值。

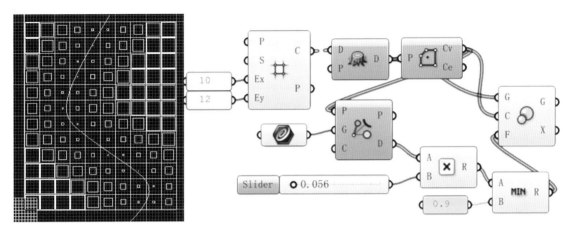

同样的道理，设定最小值运算器 Maximum 可以控制最小值。

28. 如下图所示，如何按等差数列等分曲线？

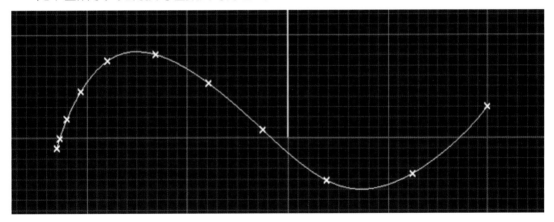

答：按等差数列等分曲线，实际上就是按等差数列等分曲线长度。

首先利用等分区间运算器 Divide Domain 将 0 to 1（D 端输入 1 即可转化为 0 to 1）等分为 10 段 11 个数字，然后逐项求和，形成等差区间，再经过映射运算器 Remap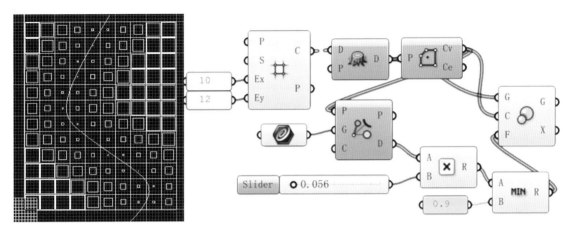（Math 菜单）将等差区间映射回 0 to 1，以对应被二次参数化 Reparameterize 后的曲线区间（0 to 1），最后按区间长度等分曲线即可。

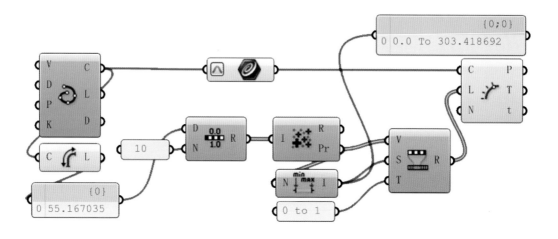

29. 如何将点集按某个方向排序？

答：Vector 菜单下 Point 子菜单有两个可以按方向对点集排序的运算器，一个是按从左到右排序 Sort Points，另一个是沿曲线方向排序 Sort Along Curve，相比之下，后者更为灵活，可以指定任意 nurbs 曲线，而不是单纯的一个方向。

下图为随机点自然顺序。

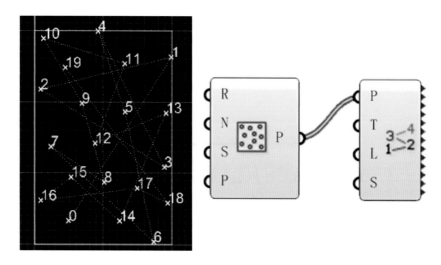

下图为沿曲线方向 y 轴方向排序。

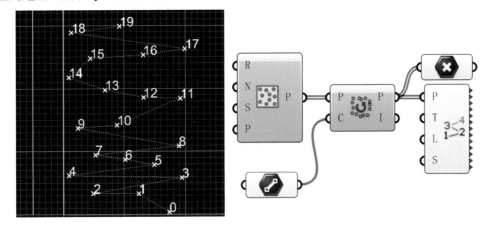

30. 如何找出一个点集中每个点周围最近的 3 个点？

答：Vector 菜单下寻找最近点运算器 Closest Points ⚡可以按数量找出距某个点最近的几个点。

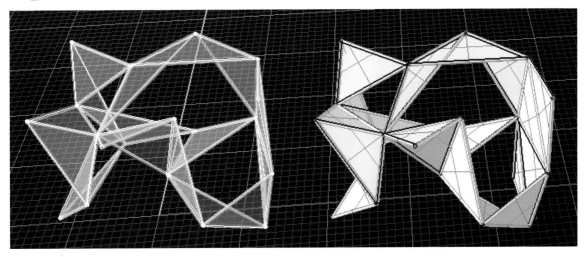

在找到最近的 3 个点后，可以执行一些其他实体操作，如成管、成面等，得到一些随机特性的模型，可以为设计提供无限可能。

程序全图如下图所示。

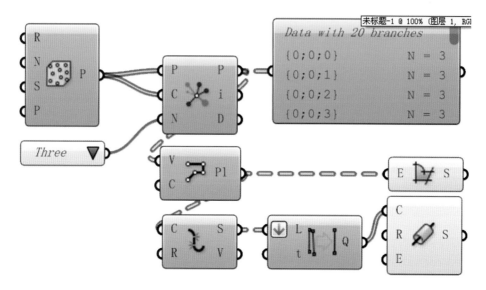

31. 如何将一段 nurbs 曲线或多段线转化为连续的圆弧？

答：首先在 Grasshopper 中找到与该问题相关的运算器以及生成方法。

下图为根据起点、终点和起始向量将一段 nurbs 曲线转化为圆弧。

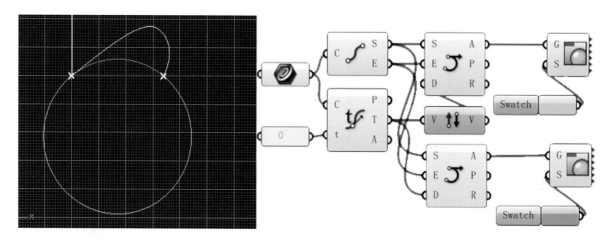

下图为将一段多段线提取控制点后，根据起始方向生成的连续圆弧，圆弧须经过所有顶点。

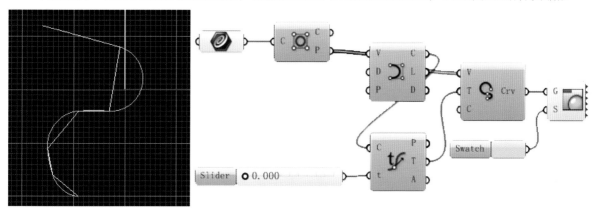

借助 Lunchbox 插件中的 Arc Divide 运算器也可以进行圆弧转化，如下图所示，运用 Arc Divide 运算器可以生成相对较为柔和的连续圆弧，以及圆弧所在圆心。

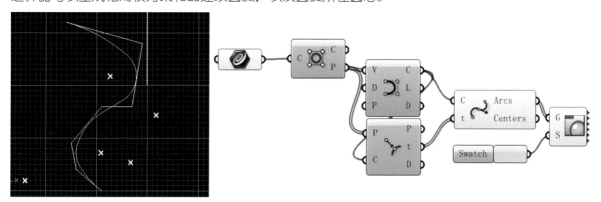

32. Grasshopper 中如何对数据进行图表显示？

答：Params 菜单中有几种数据显示工具，如 Quick Graph，可以迅速显示一列数据的变化情况。

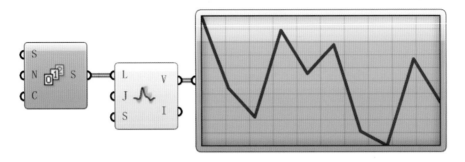

还有 Bar Graph 以及 Pie Chart，都可以以不同的图表形式显示数据的变化情况。

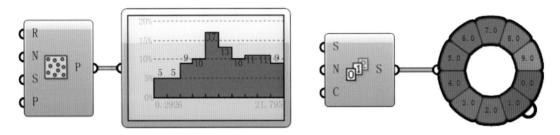

33. 如何以图片灰度作为干扰数据制作如下图形？

主要思路：根据图像生成点阵，并根据灰度干扰圆的半径。

首先，在 Params 菜单找到图像样本运算器 Image Sampler，然后右击运算器，选择 Image 导入图像。

然后双击图像，将 X 和 Y 的区间设置为合适图像比例的区间数值，如 0 to 10。

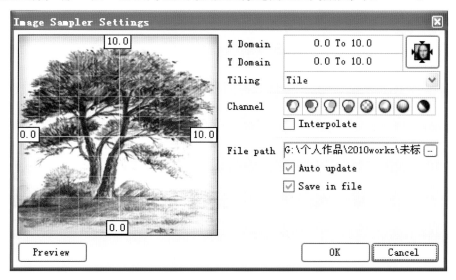

再用点阵输入给图像，将输出的数值经过大小处理，输入给圆的半径即可。
程序全图如下图所示。

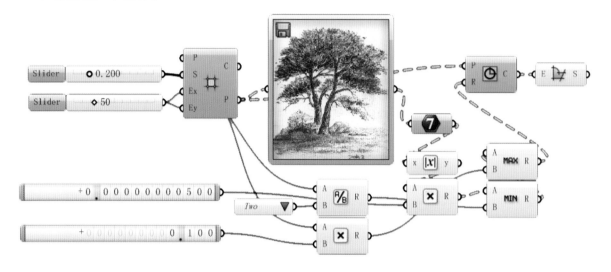

34. 如何剔除数据中的空值和空的分支？

答：以下程序图显示 3Dvoronoi 生成的 brep 与球的交线出现空值，即未发生相交。

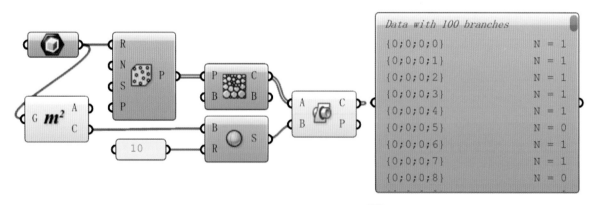

Sets 菜单下 Tree 子菜单第一个清理数据运算器 Clean Tree 可以清除空值，E 端需设置为 True。

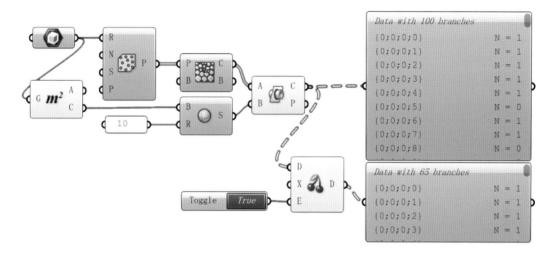

35. 如下图所示，如何将对应编号为 0、1、2 的点数据分流？

答：前面章节介绍了数据分流（dispatch）的用法，但是仅针对 True 和 False 两种分流方式，即 0 和 1。但是当出现第三个编号、第四个或更多编号的数据，如何进行分流呢？如下图所示，不在曲线内的点编号为 0，曲线上的点编号为 1，曲线内的点编号为 2，如何将三部分点数据分流？

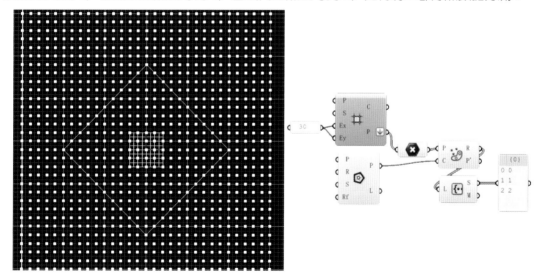

Sets 菜单下数据筛选运算器 Sift Pattern 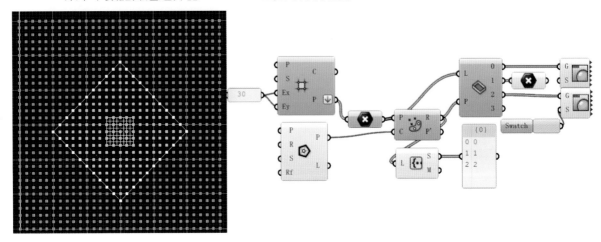 具有该功能。

注意：Sift Pattern 运算器同样需要放大运算器，增加输出端。

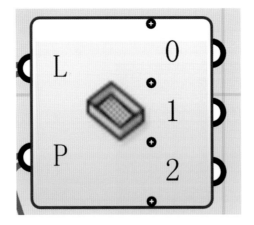

36. 如何根据布尔开关 True\False 的切换，自动切换两组数据？

答：Sets 菜单下数据流过滤运算器 Stream Filter ✈️ 具有该功能：

当 G 端为 False 时，对应的数据编号为 0，故输出 0 端的等差数列。

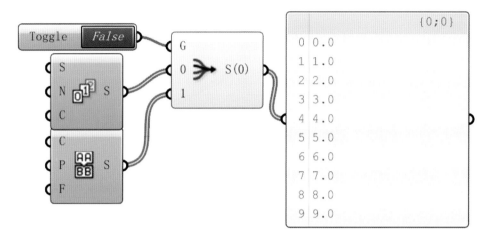

当 G 端为 True 时，则输出 1 端的字母。

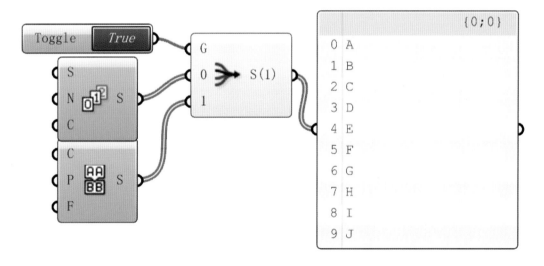

37. 如何合并点集中临近的点？

答：Vector 菜单下删除重复点运算器 Cull Duplicates 可以按公差范围 t 删除或合并重合点。

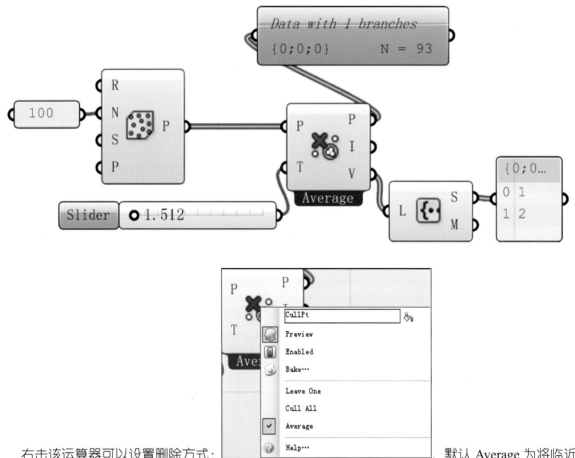

右击该运算器可以设置删除方式：，默认 Average 为将临近两点合并为中间平均点，点的位置会发生微小的变化；Leave One 模式为留一个点，删除一个点；Cull All 即将临近的两点全部删除。

38. 如何分析曲线的曲率以及找出曲率不连续的点？

答：如下图所示，两根拼合的曲线经过曲率测试（curvature graph）为曲率不连续，或者说 G0 连续，然后用非连续点运算器 Discontinuity 找出非连续点。

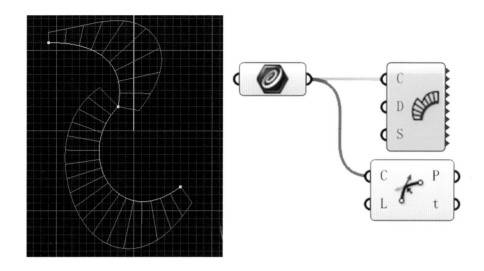

39. 如何更改闭合曲线的起始点 seam ？

答：Curve 菜单下 Util 子菜单的 seam🔟具有改变曲线起始点的功能。T 值可以通过最近点获得，也可以通过直接设置数值来更改。第一个运算器为 InEllipse🔾，三角形内切椭圆。

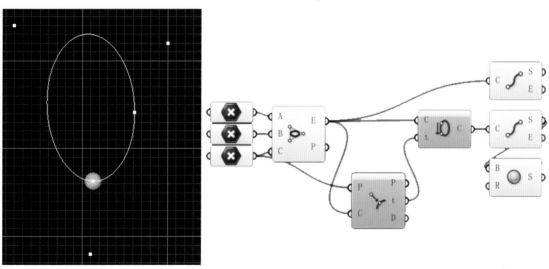

40. 如何在 Grasshopper 中混接（blend）下图所示的两条曲线？

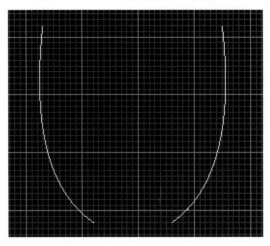

答：Curve 菜单下混接曲线运算器 Blend Curve 可以按指定方式（C 端）和接角圆滑程度 Fa、Fb 混接两条曲线。如下图所示，默认曲线混接方式并不是理想模式，这种情况可以通过反向曲线来调整混接位置。

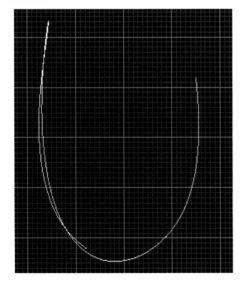

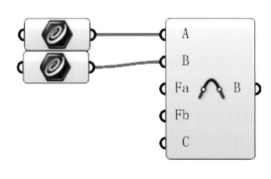

反向后，在 Fa、Fb 均设为 0.57 左右时混接最圆滑。

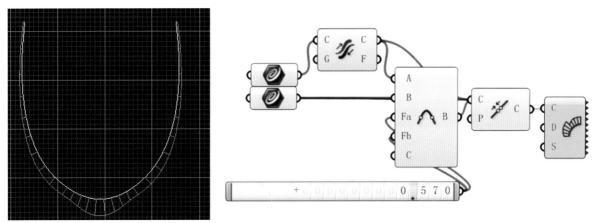

当调整 Digital Scroller 的数值时，会发生一些有趣的变化。

数值变小时，混接部分曲线变平坦，曲率不连续。

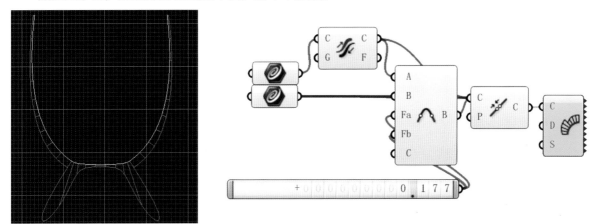

数值变大时，曲线会发生重叠，下图所示为参数由 0 逐渐增大到 6 左右的变化情况。

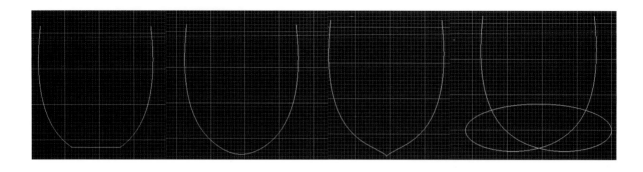

41. Grasshopper 中如何作碰撞判定，即物体产生重叠？

答：Intersect 菜单下的 Collision 判定运算器 One/Many █ 与 Many/Many ❖ 分别判定一个物体对多个物体、多个物体对多个物体的碰撞，得到相应的布尔值与序号。如下图所示，在 50 个半径为 5 的随机位置的球面网格中，找到与位于原点的球面网格 (默认半径为 10) 的第一个碰撞物体的序号，并通过取出某项数据运算器 List Item 取出第 9 项网格。下面的 Collision Many/Many 则可以结合数据分流 Dispatch 找出全部发生碰撞的物体，如下图所示。

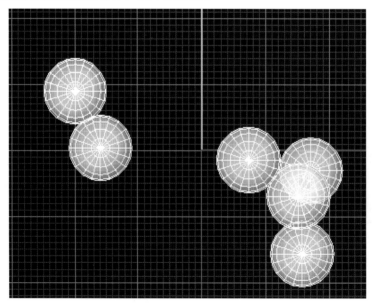

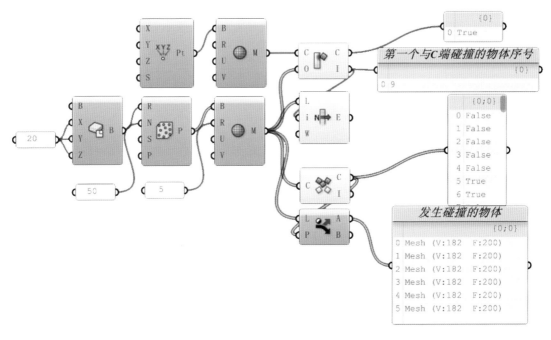

42. 如何找到两条曲线上的最近点？

答：可以利用两个曲线上的 t 值作为两元未知数，通过 Galapagos 进行二元一次方程求解，如下图所示，以一条 nurbs 曲线和一条线段为例，获得最近点。

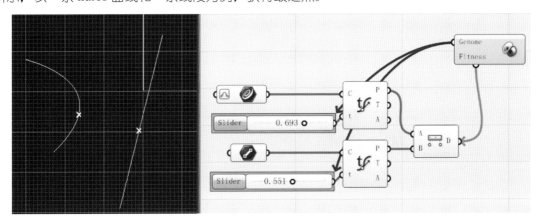

43. 如何找出一组数据中某个数据对应的序号？

答：以下图为例，找出一组随机数列中 7 所在的序号。

利用判定相等运算器和数据分流运算器将序号进行分流。

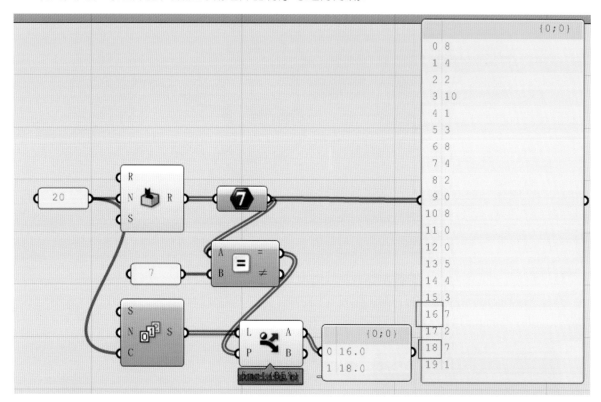

44. 如何取出树形数据的奇数分支，即间隔取出分支 branches ？

答：如下图所示，曲面等分后生成的点横向有 9 个分支，纵向有 11 个分支。如何取出横向和纵向的 1、3、5、⋯分支 ？

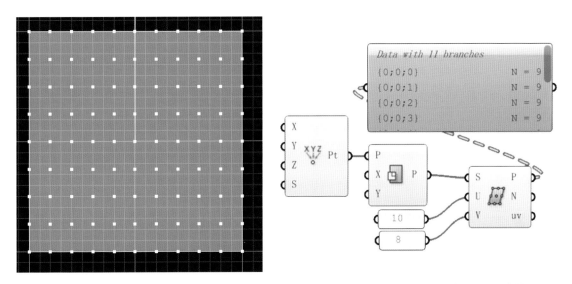

如果用树形数据炸开取出分支，方法非常复杂，也不适于大量数据的运算。可以转换思路，先进行数据转向 flip matrix，并数据分流，然后再数据转向一次，变回原来的数据结构，同时奇偶分支也被取出。

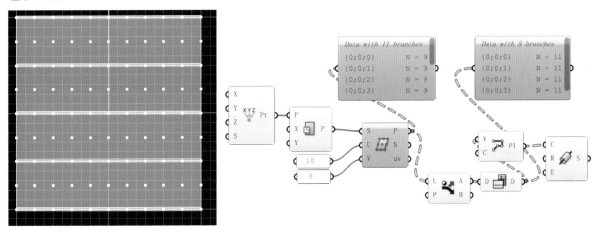

同样道理取出纵向奇偶分支。

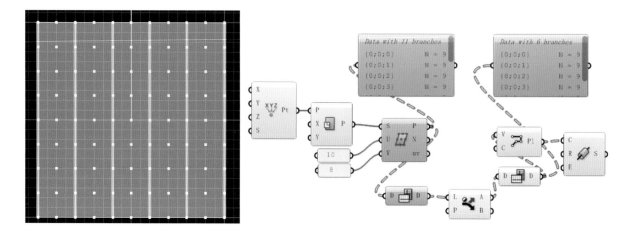

45. 如下图所示，如何改变树形数据拍平后的点序，形成就近均匀的连接？

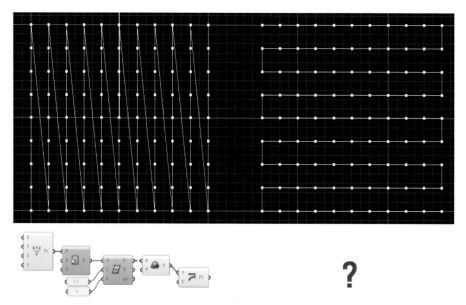

答：参考上述问题 44 中的分流奇偶分支的方法，将偶数分支反向 reverse list，最后合并数据 merge，拍平连线即可。

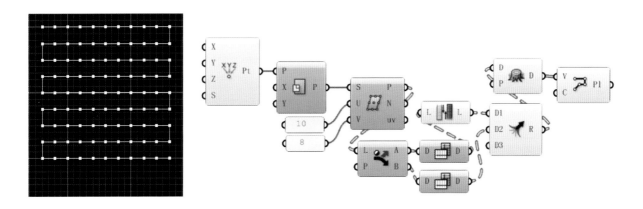

46. 如何在一个曲面表面生成如下编织网状结构？

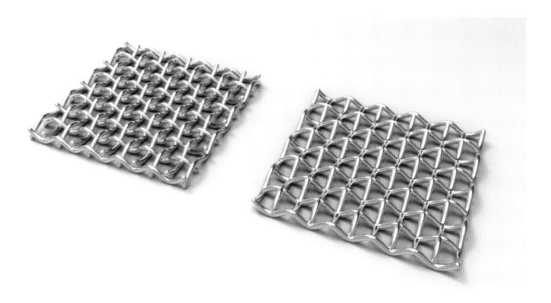

答：该类模型均属于编织模型，主要应用的一对运算器为数据分流 Dispatch 和编织 Weave。

首先需要结合问题 44 中取出奇偶分支的方法分流出两部分分支，第一部分形成起点为波峰的曲线，第二部分形成起点为波谷的曲线，最后穿线成管。

程序部分截图如下图所示。

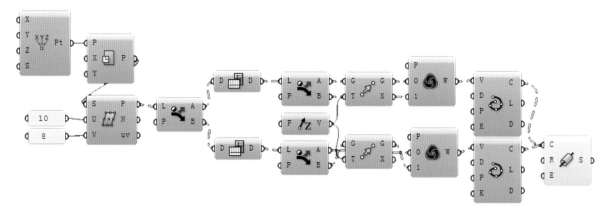

　　注意，第二次分流的两个 Dispatch 输入给 Move 运算器的输入端不同，上面的 Dispatch 运算器是用 A 端输入，起点为波峰；下面的 Dispatch 运算器是用 B 端输入，起点为波谷。该部分截图仅生成了横向部分，思考纵向部分的生成方法，以及渲染图右侧模型(相交的整体)的生成方法。

　　47. 如何给曲线套方管？

　　答：套方管有 nurbs 曲线和多段线 polyline 两种情况。

　　对于 nurbs 曲线来说，用生成垂直平面运算器 Perp Frames 可以直接获得均匀的截面平面，并将矩形移植到截面平面，放样得到方管。

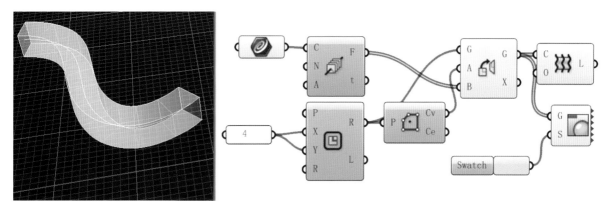

但是对于多段线来说，由于有不连续点（discontinuity）存在，导致截面不经过这些不连续点，如下图所示，最后的套管也肯定不会准确。

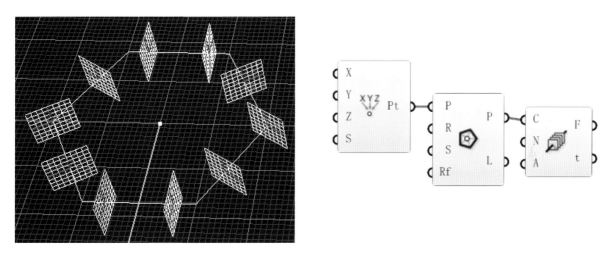

所以对于多段线套方管，需要找到每个折角的垂直平分面。下图为用套管方法模拟五角大楼的生成。

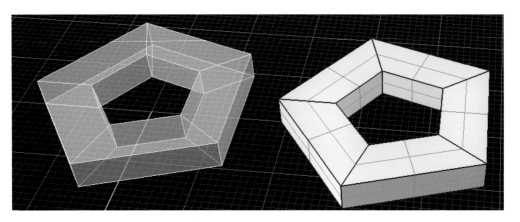

程序全图如下图所示。

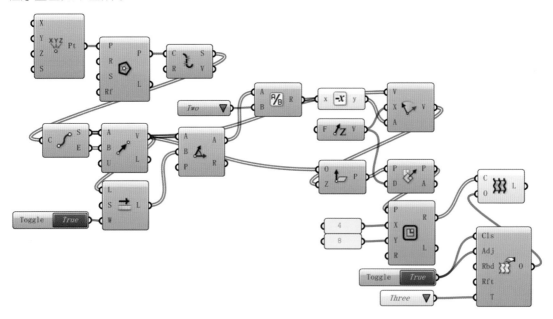

　　在该程序中运用到向量的角度、旋转、两点向量以及垂直某向量平面的生成以及统一方向等运算器，最后进行 Loft 放样成方管时，需要选择 Closed Loft、Adjust Seam 选项，T 端放样方式为平直放样 Straight。

48. 如何用直线与曲面的交点 UV 线分割曲面？

答：如下图所示，如何在立面图上将夹角位于 45°～ 135°之间的球壳部分取出？

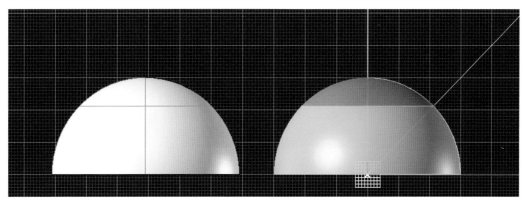

首先根据 45°的条件作一条线段与球壳相交，得到 UV 坐标，而对于该对称曲面来说，水平方向所在的结构线就是位于 45°～ 135°之间的，所以用 Curve on Surface 运算器取出 U 方向结构线，然后 Split Surface 即可分割得到两部分曲面。

程序全图如下图所示。

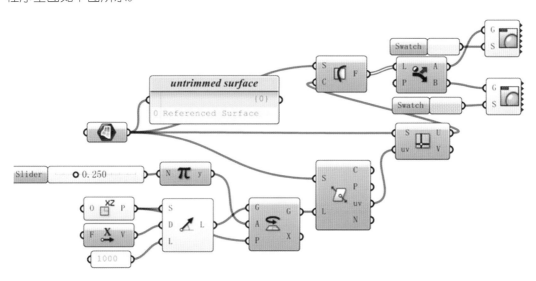

49. 如下图所示，如何得到两条空间线段（二维不相交）的距离和交线？

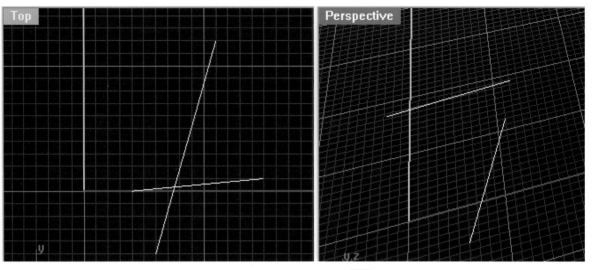

答：Intersect 菜单中的线段与线段相交运算器 Line/Line ✄ 可以得到两条线段的最近点。

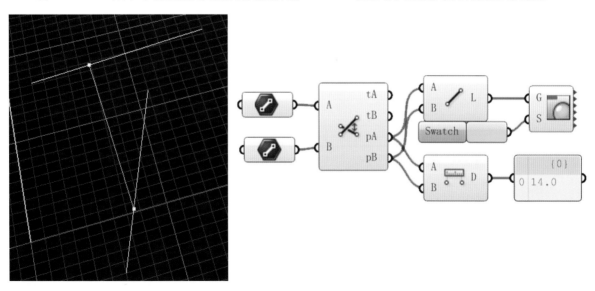

50. 为什么 Planar Surface 无法封面？

答：常见不能封面的情况有以下 3 种：

（1）边界重合，无法形成开孔。

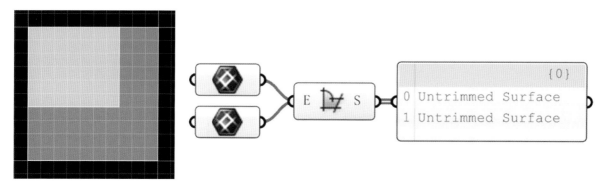

（2）路径不同，不能形成开孔。

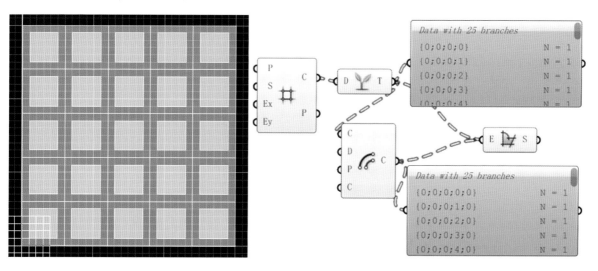

（3）曲面为三维曲面，non-planar surface。

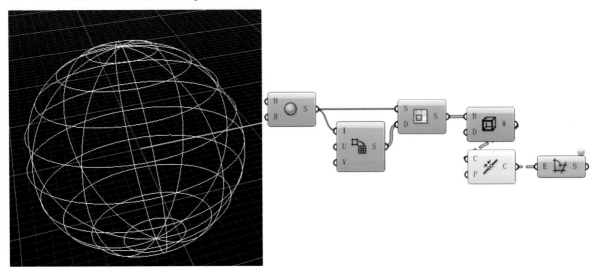

第 4 章

Grasshopper 模拟试题

Grasshopper 模拟试题部分主要强化初学时容易出问题的知识点，以及一些 Grasshopper 的基本知识，题目相对较简单，但仍然需要仔细观察程序图以及题目要求。答案附在试题后。

一、单项选择题

1. 以下哪种情况会导致图示运算器报错？（　　　）

A. 曲线为二维曲线　　　　　　　　B. 曲线为矩形

C. 曲线控制点过多　　　　　　　　D. 曲线为开放曲线（open curve）

2. 以下原点的正确输入方式是(　　　)。

A. {0;0;0}　　　　　　　　　　　　B. {0,0,0}

C. (0,0,0)　　　　　　　　　　　　D. (0;0;0)

3. 以下正确的路径输入选项是(　　　)。

A. {0;0;0;}　　　　　　　　　　　B. (0;0;0)

C. {0;0;0}　　　　　　　　　　　　D. {0,0,0}

4. 推测下列程序图中，最后 Create Set 运算器 S 端的输出内容为(　　　)。

A. False　　　　　　　　　　　　　B. True

C. False True　　　　　　　　　　D. True False

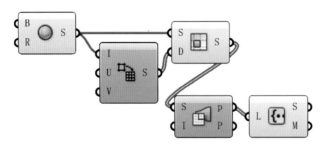

5. 试推测下列程序中，穿越线运算器报错的原因是(　　)。

A. 等差数列输出端 S 被 Graft

B. 等差数列 S 端为 0

C. 数据推移运算器 Shift List 的 W 端没有设置为 True

D. 穿越线运算器输入端 V 未拍平

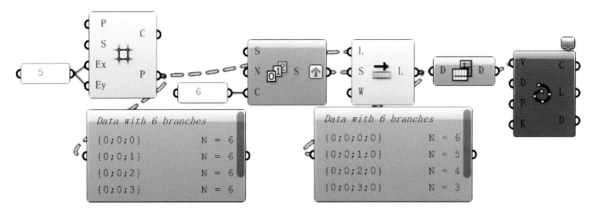

6. 以下红色运算器报错的原因是(　　)。

A. 内部脚本错误

B. 挤出至点运算器 E 端为 brep，应炸开为 surface

C. 挤出至点运算器 E 端输出为 brep，与三角细分运算器 E 端数据类型 mesh 不兼容

D. 挤出至点运算器 E 端生成的物体没有封闭

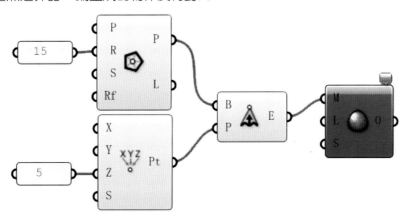

7. Lunchbox 插件中对调 UV 方向运算器的 R 端设为多少，才能同时对调曲面的 UV 方向？（　　　）

A. 0　　　　　　　　　　　　B. 1

C. 2　　　　　　　　　　　　D. 3

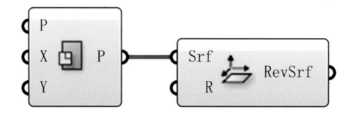

8. 根据下图推测运算器报错的原因。（　　　）

A. 挤出运算器 Extrude 输入端 B 不兼容曲线类型

B. 挤出运算器 Extrude 输入端 D 应直接输入数字

C. 生成的圆（circle）需要先执行封面 Planar Surface，否则无法挤出

D. 等差数列输入端 S 为 0，导致输出无效的圆（invalid circle）

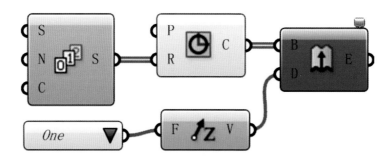

9. 试推测以下运算器报错的原因。（　　　）

A. 公差 N 端输入值过大，部分点超出曲面范围，无法产生截面线

B. 点无法与 Plane 进行转化

C. 等差数列起始数字为 0，无法产生截面线

D. 输入的点集没有树形数据 graft 转化

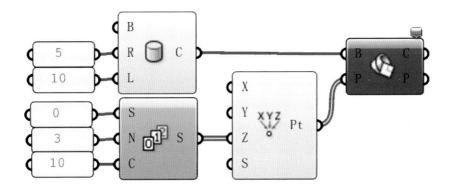

10. 试推测以下运算器报错的原因。（　　）

A. 树形数据分支较多，数据结构不是标准的行列式，无法行列转换 flip matrix

B. 行列转换运算器输入端应进行树形数据转化 graft

C. 炸开曲线运算器的 V 端有重合点

D. 行列转换运算器输入端应拍平

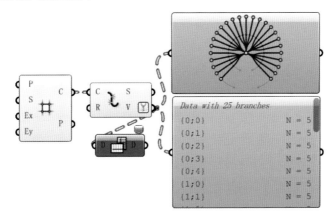

11. 试推测以下运算器无法工作的原因。（　　）

A. 合并曲线运算器 Join Curve 的 P 端设置为 True，闭合

B. 合并曲线运算器 Join Curve 的 C 端未拍平

C. 封面运算器 Planar Surface 输入端路径过于复杂，应拍平

D. 封面运算器 Planar Surface 的输入端为非平板四边形，不共面

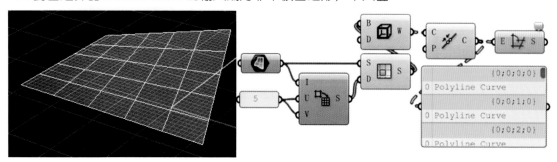

二、判断题

1. 正方形矩阵 的输出端 P 为每个正方形的中心。（　　）

2. Geometry 运算器 可以兼容任何数据类型。（　　）

3. 树形数据只能和树形数据运算，不能和多个数据运算。（　　）

4. 线段运算器 Line 不能转化为平面。（　　）

5. 向量相加可以用加法运算器 进行运算。（　　）

6. 旋转成面运算器 Revolve 的 A 端 axis，数据类型为 vector。（　　）

7. 放样运算器 Loft 的 O 端可以由放样选项运算器 Loft Options 控制。（　　）

8. 平均运算器 Average 对点集不能运算。（　　）

9. 一级路径的数据在 Graft 后会变为二级路径。（　　）

10. 合并物体运算器 Brep Join 可以对两个物体进行布尔加法运算。（　　）

11. 等差数列 公差 N 端设置为 2 时，输出数据一定为偶数列。（　　）

12. 等分区间运算器 Divide Domain 的 N 端输入为 10，则输出 11 个数字。（　　）

13. Params 菜单中的基本几何体运算器都需要从 Rhino 中抓取。（　　）

14. 如下图所示，抽取控制点运算器 P 端输出树形数据数列长度均为 4。(　　)

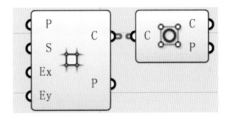

15. 闭合曲线只能与闭合曲线放样，不能与开放曲线放样。(　　)

16. 闭合曲线均可以执行封面 Planar Surface 操作得到相应曲面。(　　)

17. 3Dvoronoi 运算器 ▦ 生成空间体块的每个面均为平面的 planar。(　　)

18. 网格 Mesh 的组成部分为顶点 vertex、网格线 line 和网格面 mesh face。(　　)

19. 默认球面网格 Sphere mesh 的网格面均为四角网格 quad mesh。(　　)

20. 由点阵建立网格运算器 Mesh from Points ▦ 可以将任意二维空间点集转化为网格。(　　)

三、思考题

1. 如何判定两个外观近似相切的圆是否相切？

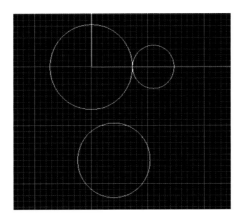

2. 请观察以下数列的特点，并用 Grasshopper 程序输出。

0、2、5、9、14、20、27、35、44、54、…

3. 如何过圆内一点，生成圆的两个内切圆，并得到这 3 个圆的公切圆？

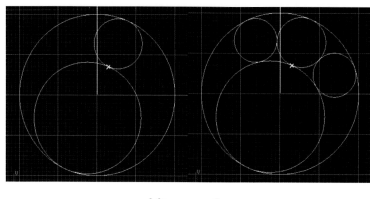

答　案

一、单项选择题

1. D；　2. C；　3. C；　4. A；　5. C；　6. C；　7. D；　8. D；　9. A；　10. A；　11. D。

二、判断题

1. ×；　2. ×；　3. ×；　4. √；　5. √；　6. ×；　7. √；　8. ×；　9. √；　10. ×；　11. ×；

12. √；　13. ×；　14. ×；　15. √；　16. ×；　17. √；　18. √；　19. ×；　20. ×。

三、思考题

1.

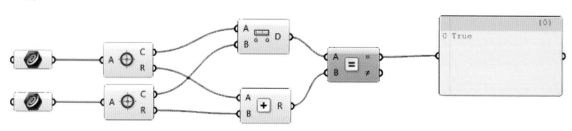

2.

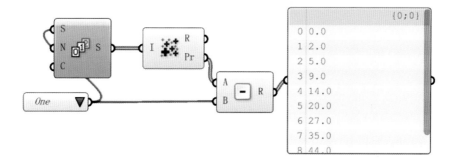

3.

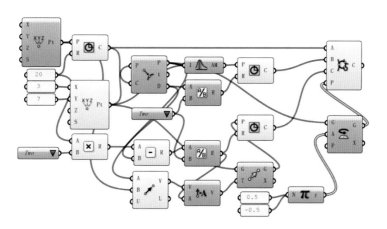

Grasshopper常用专业词汇英汉对照

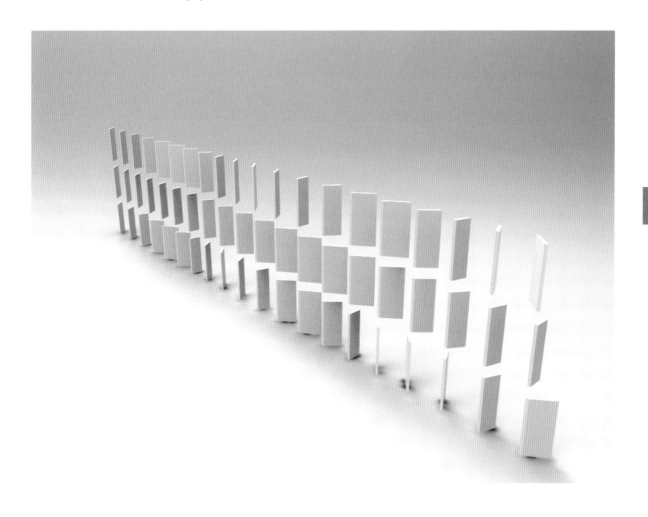

A

absolute 绝对值
addition 加法
adjacent 临近的
adjust 调整
algorithm 算法
align 线性对齐
alternative 二选一的
amplitude 赋值，大小
analysis 分析
animation 动画
arc 圆弧
average 平均
axis 轴线

B

bezier 贝塞尔
boolean 布尔值，布尔运算
bound 边界
boundary 边界
branch 分支
brep 多重曲面
button 按钮

C

cap hole 将 open brep 封口
catenary 链状的
circle 圆
closest 最近的
cluster 打包

code 代码
collection 集合
collision 碰撞
combine 联合
component 部分，组件
compute 计算
cone 圆锥
conic 圆锥形的
consecutive 连续的
containment 包含
content 内容
continuity 连续性
contour 轮廓，等高线
coordinate 坐标
cosine 余弦
create 创造
cross reference 交叉运算
cube 三次方，立方体
cull 剔除
curvature 曲率
curve 曲线
custom 习惯的，定制的
cylinder 圆筒

D

data 数据
decompose 分解
default 初始的
define 确定
deform 变形

degree 级，角度
deform 变形
Delaunay triangulation 德洛内三角
dimension 维，方向
direction 方向
dispatch 分流
display 显示
divide 划分
division 除法，划分
domain 区间，域
dual 二元的
duplicate 复制

E

ellipse 椭圆
entwine 缠绕
equal 相等的
evaluate 分析
even number 偶数
exposure 曝光
expression 表达式
extend 延伸
external 外部的
extract 抽出
extreme 极值
extrude 挤出

F

factorial 阶乘
false 错误，否，与 0 互通

fibonacci 斐波那契数列
field 场
fillet 倒角
filter 过滤
flatten 转化为多个数据
flip 转向
floating point number （浮点）小数
frame 切线点平面
fractal 分形
function 功能

G

geometry 几何体
gradient 渐变
graft 转化为树形数据
graph 图表
gradiant 渐变的
group 组

H

hexagon 六边形
horizontal 水平的

I

identical 完全相同的
include 包含
index 序号，索引（复数 indices）
integer 整数
interpolate curve 穿越线
intersect 相交

invalid 不合理的
isocurve 结构线
isotrim 曲面细分
item 项

J

jitter 打乱
join 合并

K

kink 扭结，折点
knot 节点

L

length 长度
line 线段
location 位置
loft 放样

M

majority 多数
mask 标识
matrix 矩阵
measure 测量
mesh 网格
metaball 变形球
morph 沿曲面变形
move 移动
multiple 多重的

N

naked edge 开放边，裸边
normal 法向
null 空值

O

object 物体
odd number 奇数
offset 偏移
operation 操作
option 选项
orient 移植
overlap 重叠的

P

panel （显示）面板
parameter 参数
parallel 平行
path 路径
pattern 方式
perform 执行
periodic 周期性的
perpendicular 垂直于
perspective 透视图
planarize 平面化
plane 平面
point 点
polyface 多重曲面
polyline 多段线
populate 填充

position 位置
power 幂，乘方
preview 预览
primitive 基本内容
principal 首要
project 投射
property 属性
proximity 临近
prune 砍掉

Q

quad 四边形
quadrangulate 四角化

R

radian 弧度
random 随机
range 范围
rebuild 重建
rectangle 矩形
region 区域
relative 相关的
remap 映射
reparamerterize 二次参数化，归一
replace 取代
represent 表现
retrieve 取出
reverse 反向
revolve 旋转
rotate 旋转

S

script 脚本
seam 缝合点
segment 部分
separate 单独的
sequence 顺序
shaded 着色模式
shattere 打碎，震断
shear 切变，沿方向倾斜变形
shift 推移
simplify 简化
sine 正弦
slider 滑竿
smooth 柔化
solution 解决方法
sort 排序
spatial 空间的
specific 特定的
sphere 球体
split 打断，撕开
square 平方
stream 数据流
string 字符
subdivision 网格细分
subtraction 减法
surface 曲面

T

tangent 正切，切线
ternary 三元，三重的

thicken 加厚

threshold 门槛，临界值

toggle 切换

toolbar 工具栏

topology 拓扑关系

tortion 扭曲度

triangle 三角形

trim 修剪

true 正确，是，与 1 互通

truncate 截短

twisted 扭曲的

U

unify 统一

untrimmed surface 完整曲面

union 布尔相加

V

vertex 顶点（复数 vertices）

volume 体积

voronoi 维诺多边形

W

weave 编织

weight 权重

weld 焊接

width 宽度

wrap 包括进来